8 Stufen zum Verkaufserfolg

8 Stufen zum Verkaufserfolg

von

Niklas Tripolt

6., aktualisierte Auflage

Die ersten fünf Auflagen dieses Buches sind im
Amalthea Signum Verlag GmbH Wien erschienen.

ISBN 978-3-214-01438-4

© 2018 MANZ'sche Verlags- und Universitätsbuchhandlung GmbH, Wien
Telefon: (01) 531 61-0
E-Mail: verlag@manz.at
www.manz.at
Fotonachweis: Niklas Tripolt (U1): © Sabine Klimt,
Felix Gottwald (Seite 5): © Bernhard Eder
Satz: Christian Taufer
Druck: FINIDR, s. r. o., Český Těšín

Vorwort Felix Gottwald

Zu meiner großen Freude, denn das ist per se schmeichelhaft, wurde und werde ich immer wieder gefragt, ob ich bereit sei, das Vorwort zu einem Buch zu schreiben. Das Vorwort ist der geistige Vorort für ein Buch, das Eingangsportal, der Kumulationspunkt des Inhalts und, weil es gar anders nicht geht, auch die erste und exponierteste Kundenrezension.

Ein Vorwort für ein Buch zu schreiben ist also keine Nebensächlichkeit. Kein schneller Gefallen, den man „einfach mal so" jemanden tut. Der Respekt gebietet, dass man für sich selbst kritisch prüft, ob man auch nach eigener Überzeugung der richtige Vorwort-Verfasser für ein Buch und dessen Autorin oder Autor ist, und in der Lage, dem Werk noch etwas hinzuzufügen.

Das habe ich sehr eingehend getan. Und möchte Ihnen nun gerne, der wertvollen Struktur dieses Buches Tribut zollend, meinerseits in 8 Stufen beschreiben, warum ich auf die Anfrage von Autor Niklas Tripolt nach Lektüre des vorliegenden Buches mit „Ja, gerne!" geantwortet habe.

Stufe 1. „Warum?" Wie jedes Mal, wenn ich ein erstes Bauchgefühl reflektiere, habe ich auch diesmal nicht das Wie? oder Was? an den Beginn meiner Überlegungen gestellt. Sondern die Sinnfrage nach dem Warum? (inklusive der empfehlenswerten Gegenprobe: Und warum nicht?)

Ich kenne und schätze die Arbeit von Niklas Tripolt und seinem Trainingsunternehmen VBC aus einem gemeinsamen Kooperationsprojekt. Ich selbst habe in meiner Arbeit mit Unternehmen natürlich auch immer wieder mit Sales-Teams zu tun, oft auch mit solchen, die „eh schon alles an Verkaufstrainings gemacht haben". Wenn solche Teams sich dann in unseren Trainings mit zusätzlichen mentalen Skills stärken und daraus neue Team-Kompetenz entwickeln wollen, erkennt man die Qualität ihres Trainingszustandes sofort. Augenfällig bei VBC ist, dass die Verkaufstrainings einem holistisch-integralen Ansatz folgen und nicht auf reine Kommunikations- und Verkaufstechniken und Strukturmodelle reduziert werden (so nützlich diese auch sind). Wenn ich es in meine Sprache übersetze: Verkauf ist nicht etwas, das wir tun. Verkaufen ist etwas, das wir sind. Am Ende ist Verkaufen, wie jede Dienstleistung, im bestmöglichen Fall angewandte Menschlichkeit in Begegnungen und Beziehungen, die uns das Leben schenkt.

Genau diese Betrachtungsweise liegt diesem Buch zugrunde – und macht so viel mehr aus ihm als nur noch einen Verkaufsratgeber. Genau diese Betrachtungsweise ist nach meiner persönlichen Überzeugung, nach 20 Jahren im Spitzensport und zehn Jahren Transferarbeit mit Menschen im privaten und beruflichen Kontext, der wirklich richtige Bezugsrahmen für die vielen effizienten Tools und Techniken, die in diesem Buch vermittelt werden und die auch mich wieder bereichert haben. Danke dafür an dieser Stelle.

Stufe 2. Ist Spitzenverkauf wie Spitzensport? Die klare Antwort: Es kommt darauf an! Nämlich auf die Art und Weise, *wie* – mit welcher inneren Haltung! – die Metapher Spitzensport als Analogie eingesetzt wird. Ob als unreflektierter Antreiber für ein unreflektiertes Wachstumsparadigma von „Mehr ist prinzipiell besser als weniger" oder, wie es Niklas Tripolt immer in seiner Arbeit und ganz besonders gut in diesem Buch gelingt, als Entwicklungsangebot. Als Entwicklungsangebot an Menschen, die sich als Verkäuferinnen und Verkäufer innerlich noch besser auf das ausrichten wollen, was zu tun ist.

Stufe 3. Platz für den Menschen! Der Transfer von Best Practice aus dem Spitzensport gelingt meiner Erfahrung nach umso besser, je wichtiger die zwischenmenschliche Beziehung genommen wird. So wie zu einer langen, erfolgreichen Karriere im Sport unabdingbar dazugehört, sich selbst als einzelnen Sieger immer im großen Zusammenhang einer Gemeinschaft zu sehen und zu erleben, zu der auch die Mitbewerber gehören, so ist für langfristig erfolgreiche Verkäuferinnen und Verkäufer die einzig richtige Antwort auf die Frage „Wer ist der wichtigste Mensch in deinem Leben?" folgende: „Der, der mir gerade gegenüber ist."

Kein (Verkaufs-)Erfolg dieser Welt macht dauerhaft glücklich, wenn er nicht als Ergebnis geglückter zwischenmenschlicher Beziehung interpretiert und als solcher auch geteilt wird.

Stufe 4. Ich weiß nicht, wie oft mir in meinem Leben die Frage „Herr Gottwald, wie viel trainieren Sie eigentlich pro Tag?" gestellt worden ist. Meine Antwort ist immer schon dieselbe: „Ich habe 24 Stunden pro Tag, um besser zu werden. Heute. Und morgen wieder." Worin wir wirklich gut sein oder besser werden wollen, sollte nie „einfach nur ein Job" sein. Wirklich gut und besser werden wir, wenn die Begeisterung für Menschen und die Hingabe an diese eine Sache selbst unsere intrinsischen Motivatoren sind. Dann braucht es auch diese ohnehin illusorische, strikte Trennung von „Arbeit" und „Privat" nicht, sondern die richtige Balance kommt wie von selbst aus unserem verantwortungsvollen Umgang mit den eigenen Ressourcen. Die gute Nachricht: Auch dieser lässt sich trainieren, näheres dazu ganz am Ende dieses Buches.

Stufe 5. Sind Vorbereitung/Training wirklich so wichtig im Sport, im Verkauf, im Leben? Die Zeit, in der ich meine 18 Medaillen bei Olympischen Spielen und Weltmeisterschaften gewonnen habe, war so aufgeteilt: 99 Prozent Vorbereitung und Training und ein Prozent Wettkampf. Dieser Schlüssel ist, auch wissenschaftlich belegt, repräsentativ für jede Sportart. Stimmt, er gilt wohl auch für die entscheidenden Momente X im Verkauf.

Ist damit beantwortet, warum den 99 Prozent auch in diesem Buch so viel Umfang gewidmet wird? Genau, damit im Moment X alles so laufen und passieren kann, wie man es in der Vorbereitung gedanklich vorbereitet hat.

Stufe 6. „Repetition is the mother of skills" – schon mal gehört? Bestimmt. Dieser Grundsatz stimmt meiner Erfahrung nach zu 100 Prozent sowohl für die 99 Prozent Vorbereitung und Training als auch für das eine Prozent an Zeit, in dem die Entscheidungen fallen. Für Spitzenleistungen – ob im Spitzensport oder im Spitzenverkauf – ist deshalb unerlässlich, nicht nur im Wettbewerb voll da zu sein, sondern auch in den übrigen 99 Prozent der Zeit den Details die volle Aufmerksamkeit zu schenken: der Planung von Kontinuität und Abwechslung, der Steuerung von Trainingsintensität und Regeneration, dem Herausfiltern des optimalen individuellen (Material-)Setups, dem bewussten Öffnen von Räumen für Kontemplation, Kreativität und Flexibilität, dem idealen Kommunikationsmanagement innerhalb des Teams, der mentalen Fokussierung auf die eigene Aufgabe, den Ritualen, über die

die Bahnung der wünschenswerten Abläufe im Gehirn gefördert und automatisiert wird.

Stufe 7. Gewonnen und gescheitert wird im Spitzensport sehr häufig in der Phase, die man „unmittelbare Wettkampfvorbereitung" nennt. Meine Empfehlung: „Spiel' mehr, kämpf' weniger!" Wenn die Qualität der menschlichen Begegnung die oberste Priorität hat, dann fallen Training und Vorbereitung meist spielerisch leicht. Wenn Training und Vorbereitung spielerisch leichtfallen, sind Trainingsqualität und Outcome höher. Und wenn das verwirklicht ist, steigt die Wahrscheinlichkeit, im Moment X das Allerwichtigste gut auf den Boden (und in die Beziehung) zu bringen: authentisch zu sein in dem, wer man ist und überzeugt von dem, was man tut.

Ich habe in meiner aktiven Zeit nicht nur aus dem Training, sondern auch aus dem Packen, der Anreise, der Ankunft, der Akklimatisation und der Einstimmung am Abend und unmittelbar vor dem (Groß-)Ereignis einen Event gemacht. Wir brauchen Rituale, um uns innerlich auf Bedeutsamkeit ausrichten zu können. Das Lesen inspirierender und motivierender Basisliteratur ist eines dieser kraftvollen Rituale, egal in welcher Disziplin.

Stufe 8. Niklas Tripolt hat im vorliegenden Buch viel an Essenz und Exzellenz aus seiner Best Practice als führender Verkaufstrainer zusammengetragen; und das weit über die entscheidenden Skills für die entscheidenden Momente im Verkauf hinaus. Gerade das macht dieses Buch so lehrreich und unverzichtbar für alle, die im Verkauf höher hinaus und eine bessere Version ihrer selbst werden wollen.

Wer immer dieses Buch liest, sich auf die 8 Stufen einlässt, sie spielerisch-experimentell in seinen Alltag integriert und so sein persönliches Ideal-Setup für erfolgreiches Verkaufen daraus ableitet, hat sich selbst gegenüber eine wesentliche Garantieleistung erbracht: nämlich, dass Verkauf für ihn nicht nur Beruf, sondern weit darüber hinaus Berufung sein, werden und bleiben kann.

In diesem Sinne: Viele Erkenntnisse beim Lesen, viel Freude beim Anwenden, Beibehalten und Besserwerden.

Felix Gottwald
im April 2018

Vorwort Niklas Tripolt

Liebe Leserin, lieber Leser,

vielen Dank, dass Sie sich für dieses Buch entschieden haben. Vielen Dank auch dir, lieber Felix. Ich hab mich riesig gefreut, dass du, als ich dich fragte, ob du für dieses Buch ein Vorwort schreiben möchtest, sofort ja gesagt hast. Das ist für mich eine ganz besondere Ehre. Ich habe dich als Spitzensportler, Ausnahmekombinierer und erfolgreichsten Sportler der österreichischen Olympiageschichte über deine ganze Karriere hin verehrt und bewundert. Auch deine Bücher „Ein Tag in meinem Leben" und die „Stille zum Erfolg" haben mich sehr angesprochen und inspiriert.

Besonders dein persönlicher Weg vom als wenig talentiert erachteten Schüler im Schigymnasium Stams bis zum Weltstar der Nordischen Kombinierer hat mich berührt und beeindruckt. Du bist geradezu der perfekte Vorwortgeber für dieses Buch. Auch unter Verkäuferinnen und Verkäufern gibt es nicht nur Talente; ganz im Gegenteil, die sind in der Tat sehr selten.

Ich habe aber in den letzten 20 Jahren in unserer Arbeit mit hunderttausenden Verkäufern erkannt, dass es nicht auf das Talent ankommt. Manchmal ist es sogar hinderlich. Es sind ganz andere Tugenden, die sowohl im Spitzensport als auch für Spitzenverkäufer gelten: Fleiß, Konsequenz, Disziplin, Freude am Tun und die Fähigkeit, mit Niederlagen umzugehen. Denn auch der beste Verkäufer der Welt verkauft nicht immer.

Herzlichen Dank dafür, lieber Felix!

Vielen Dank an Heinz Feldmann, meinem lieben Freund und Geschäftspartner, von dem ich für die 6. Auflage des Buches „8 Stufen zum Verkaufserfolg" die Autorenschaft übernommen habe. Gemeinsam mit ihm habe ich 1997 VBC gegründet. VBC ist mittlerweile Europas größtes Verkaufstrainingsinstitut mit der Kernkompetenz, „Menschen im Verkauf noch erfolgreicher zu machen". Heinz Feldmann ist vor einigen Jahren bei VBC ausgeschieden und betätigt sich seither erfolgreich als „Gemeinwohl-Unternehmer". Ich sage an dieser Stelle vielen Dank, lieber Heinz, dass ich dieses Buch – eines der erfolgreichsten Verkaufsbücher im deutschsprachigen Raum – von dir übernehmen durfte. Ich habe viele wichtige Passagen übernommen und um meine persönliche, nun 38 Jahre andauernde Berufserfahrung im nationalen und internationalen Verkauf ergänzt.

In diesem Buch führen wir Sie durch einen erfolgreichen Verkaufsprozess in 8 Stufen – von der 1. Stufe der „inneren Haltung" bis Stufe 8 der „Nachbetreuung" nach einem erfolgreichen Verkaufsabschluss. Ein perfekter roter Faden für alle Menschen, die Produkte und/oder Dienstleistungen erfolgreich verkaufen wollen. Viele Praxistipps und Beispiele sind so aufbereitet, dass Sie sie unmittelbar in Ihrem Verkaufsalltag wirkungsvoll einsetzen können.

Möglicherweise haben Sie ja das gleichnamige Verkaufstraining besucht – in diesem Fall ist das Buch eine gute Nachlese und unterstützt Sie dabei, die gelernten Erfolgsfaktoren aus dem Training nachhaltig parat zu haben.

Auch wenn Sie das Training nicht oder noch nicht besucht haben, werden Sie auf Inhalte stoßen, die Sie möglicherweise schon einmal gehört haben bzw. kennen. Verfallen Sie dabei bitte nicht in den Reflex „Das kenn' ich schon", sondern überprüfen Sie, ob es Ihnen bereits gelingt, dieses „Wissen" in erfolgreiches „Tun" – also in Handlungskompetenz – umzuwandeln. Im professionellen Verkauf heißt das, situativ und authentisch zum richtigen Zeitpunkt im Dialog mit dem Kunden das Richtige zu sagen oder noch besser, zu fragen. Wenn nicht, stellen Sie sich doch die Frage: Was kann ich tun, üben oder trainieren, um dieses Know-how in erfolgreiches How-to-do zu transferieren?

Ich wünsche Ihnen jedenfalls viel Freude beim Lesen, viel Erfolg in Ihrem Beruf und ganz viel inspirierende und großartige Momente für Ihren Verkaufserfolg.

Ihr
Niklas Tripolt
tripolt@vbc.at

P.S.: Ich freue mich auf Ihr Feedback oder Ihre persönlichen Verkaufs-Erfolgsgeschichten!

Inhaltsverzeichnis

Inhaltsverzeichnis

Inhaltsverzeichnis

Vor Gebrauch bitte lesen!

Wer kann von diesem Buch am meisten profitieren?

Dieses Buch ist in erster Linie für Menschen gedacht, die im Außendienst aktiv Kunden besuchen und sich in ihrer Arbeit ständig weiterentwickeln wollen. Also angestellte Außendienstverkäufer, Key-Account-Manager oder selbstständige Handelsvertreter. In zweiter Linie ist dieses Buch jedoch auch für jene Menschen interessant und hilfreich, die nicht ausschließlich, sondern nur gelegentlich in der Verkäufer-Rolle agieren. Die also nicht „offiziell" Verkäufer sind, sondern z.b. selbstständige Gewerbetreibende, Anwälte oder Grafikerinnen. Sie alle gehen ab und an zu einem Kunden und verkaufen dort ihre Leistung. Immerhin geht es dabei um Auftrag oder kein Auftrag, um Einkommen oder kein Einkommen. Und genau dafür ist das beste Erfolgs-Know-how gerade recht.

Lesehinweis und Gebrauchsanleitung

Wie man ein Buch liest, werden Sie sich jetzt denken, das braucht mir keiner zu erklären! Und damit haben Sie durchaus Recht. Dieses Buch unterscheidet sich jedoch ein wenig von vielen anderen. Die 8 Stufen des Verkaufserfolgs bauen aufeinander auf. Es steht es Ihnen aber natürlich frei, mit dem Kapitel anzufangen, das Sie persönlich am meisten interessiert. Das heißt, steigen Sie beim Lesen einfach in eine beliebige Entwicklungsstufe ein und arbeiten Sie sich von dort aus weiter. Jedes Kapitel ist in sich abgeschlossen und beinhaltet Informationen, die Sie unabhängig von den anderen Kapiteln umsetzen können, um Ihren geschäftlichen Erfolg massiv zu erhöhen.

Die Verwendung der weiblichen Form und Anrede

Um den Lesefluss nicht zu beeinträchtigen, werden wir in diesem Buch auf die geschlechtsspezifische Schreibweise verzichten. Alle Anreden und Formulierungen gelten selbstverständlich in aller Wertschätzung für Frauen und Männer gleichermaßen.

Das 8-Stufen-Konzept

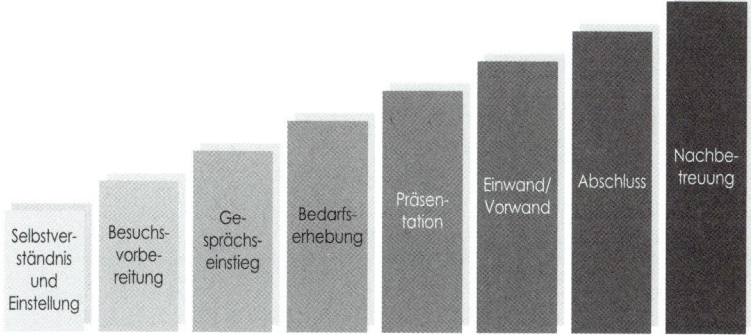

Abb. 1

Das 8-Stufen-Konzept (siehe Abb. 1) von VBC ist eine Metapher für den Verkaufserfolg, für ein Verkaufsgespräch, das in einer strukturierten Form angelegt ist. Natürlich laufen Verkaufsgespräche in der Praxis nicht nach Schema F ab, aber es ist gut, wenn wir Verkäufer wissen, in welcher Phase eines Gesprächs wir uns gerade befinden und wie wir uns in dieser Phase am besten verhalten. Die Struktur in Abb. 1 gilt für alle Verkaufssituationen im Außendienst, die Inhalte sind natürlich jeweils andere.

Stufe 1: Selbstverständnis und Einstellung

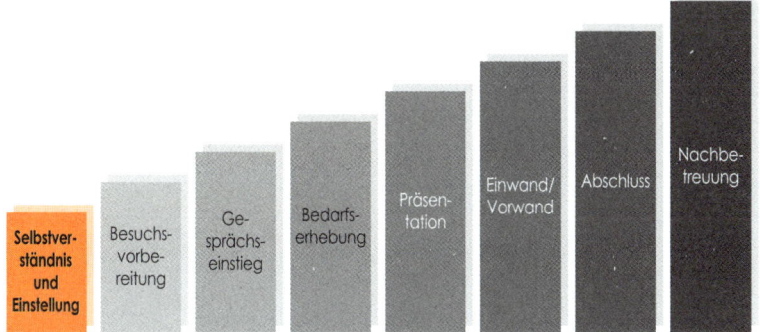

Abb. 2

Diese 1. Stufe unseres Konzepts ist zugleich auch das Fundament für den kompletten Prozess – man könnte sogar sagen, für die ganze Verkäuferkarriere. Es macht einen fundamentalen Unterschied, mit welcher Einstimmung, mit welchem Selbstanspruch wir zu einem Kunden gehen. Hier ein paar Beispiele von weniger erfolgversprechenden Einstellungen, die man aber in der Praxis leider sehr oft antrifft:

„Mal sehen, ob da etwas zu holen ist."

„Den Kunden mache ich noch, und dann ist Schluss für heute."

„Ich schaue nur kurz vorbei, ob eh alles in Ordnung ist."

„So, wie der sich am Telefon angehört hat, wird das sicher ein mühsames Gespräch."

1. Die drei Rollen des Verkäufers

Wir bei VBC haben die unterschiedlichen Anforderungen an Verkäufer in drei Rollen zusammengefasst. Als Verkäufer erfüllen wir idealerweise für unsere Kunden alle drei Rollenerwartungen gleichermaßen gut. Sehen Sie dazu auch Abb. 3.

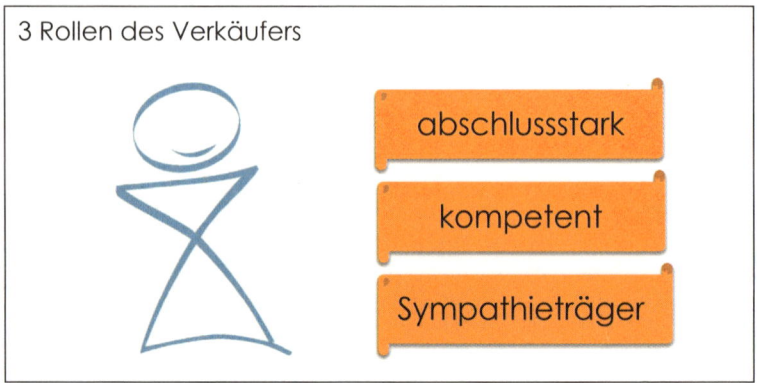

Abb. 3

Wir spielen also die Rolle des Sympathieträgers, des kompetenten Beraters und des abschlussstarken Verkäufers.

1.1 Der Sympathieträger

Beginnen wir mit der Rolle des Sympathieträgers. Um der Erwartung an diese Rolle gerecht zu werden, bedarf es einer bestimmten Grundeinstellung sowie verschiedener Fähigkeiten und Kompetenzen. Die Grundeinstellung kann man am leichtesten mit den vier M's erklären:

Man Muss Menschen Mögen

Diese menschenfreundliche Grundhaltung ist meines Erachtens unerlässlich, um im Verkauf langfristig nicht nur erfolgreich, sondern auch glücklich zu sein. Wenn wir der Meinung sind, dass wir es eh nur mit Gaunern, Lügnern und Halsabschneidern zu tun haben, die uns über den Tisch ziehen wollen, sollten wir uns im Sinne unserer eigenen langfristigen Gesundheitsentwicklung besser einen anderen Job suchen. Mit menschenfreundlicher Grundhaltung meine ich dabei keineswegs eine naive Vertrauensseligkeit, sondern eine positive, vertrauensvolle Einstellung und einen gewissen Glauben an das Gute im Menschen. Neben dieser Grundhaltung gilt es noch zwei Kompetenzbereiche zu entwickeln, nämlich die soziale Kompetenz und die emotionale Intelligenz.

Vereinfacht könnte man sagen, dass es bei der sozialen Kompetenz darum geht, wie wir mit anderen Menschen umgehen, und bei der emotionalen Intelligenz etwas spezifischer um Emotionen, also um Gefühle. Es geht um die Frage, wie wir mit den eigenen Gefühlen und den Gefühlen anderer umgehen. Können wir es verkraften, wenn wir auf (scheinbare) Ablehnung, Desinteresse oder Ignoranz stoßen? Wie steht es um die Gefühle unseres Kunden? Merken wir, wenn der andere sich unsicher oder überfordert fühlt? Sind wir in der Lage, ihm dann ein Gefühl der Sicherheit zu vermitteln?

Bei der Rolle des Sympathieträgers geht es nicht – wie oft irrtümlich angenommen wird – darum, sich anderen Menschen anzubiedern und zu „schleimen", sondern genau um das Gegenteil. Es geht um den Spagat oder Balanceakt, unserer eigenen Persönlichkeit treu zu bleiben und gleichzeitig den anderen Menschen so zu akzeptieren, wie er ist, und ihm vorurteilsfrei gegenüberzutreten. Es ist leicht, mit Menschen gut zu können, die aus demselben Kulturkreis kommen wie wir selbst; die vielleicht unserer Generation angehören; die möglicherweise sogar in dieselbe Schule gegangen sind oder ähnliche Sport- und Freizeitinteressen haben. Viel schwieriger ist es jedoch, mit Menschen zu arbeiten, die eben nicht aus unserem Kulturkreis, nicht aus unserer Generation etc. sind.

Wenn wir beispielsweise selbst Vegetarier und überzeugter Tierschützer sind und unser Kunde ist Jäger, dann kann das schon mal innere Konflikte auslösen. Wir kommen in sein Büro und dort hängen die Geweihe von den erlegten Hirschen demonstrativ an der Wand, und ein Foto von unserem Kunden mit Jagdhund Waldi und seiner Schrotflinte steht im handgeschnitzten Rahmen darunter. Jetzt geht es nicht darum, so zu tun, als würden wir das großartig finden, nach dem Motto: „Das ist ja hochinteressant, darf ich da einmal mitgehen?" Sondern es geht um die eigene Toleranzgrenze, die wir möglichst weit ansetzen sollten. Das heißt in dem Fall beispielsweise, sagen wir uns selbst: „Ich bin zwar Vegetarier und Tierschützer, verstehe aber, dass es Menschen gibt, die sich um den Wald kümmern und um den Wildbestand. Kranke oder überzählige Tiere werden erschossen und deren Geweih kann man ebenso gut an die Wand hängen."

Es geht also um Toleranz. Und es geht um ein ehrliches Interesse am anderen Menschen und dessen Unternehmen oder Organisation. Da-

mit wären wir wieder bei der eingangs erwähnten menschenfreund-
lichen Grundeinstellung.

Als Sympathieträger empfinden wir Menschen, die sich ernsthaft und
ehrlich für uns und unsere Welt interessieren. Das heißt, man kann
sich, ohne zu heucheln, durch aktives Interesse am Gegenüber als
Sympathieträger positionieren. Dazu gehört auch und vor allem die
Fähigkeit des Zuhörens. Sie werden selten bis nie von jemandem hören: „Dieser Kerl geht mir so auf die Nerven, der kann so penetrant
gut zuhören." Viel öfter hingegen hören wir den Ausspruch oder haben ihn vielleicht schon selbst getätigt: „Der geht mir auf die Nerven,
der redet so viel von sich/seinen Interessen."

Das heißt für uns als Profiverkäufer: Wir hören mehr zu als wir reden.
Dazu kommen wir im Detail noch im 4. Kapitel des Buches, wo es u.a.
um das „aktive Zuhören" geht.

1.2 Der kompetente Berater

Die zweite von den drei wichtigsten Rollen, die wir als Verkäufer für
unseren Kunden einnehmen, ist die des kompetenten Beraters. Irrtümlicherweise glauben viele Menschen, dass diese die einzige Rolle ist, die
im Verkauf zählt. In vielen Köpfen gilt die Gleichung: Verkäufer =
kompetenter Berater. Das ist zwar richtig, aber nicht alles. Der kompetente Berater ist wie gesagt nur eine von drei Rollen. Es geht hierbei um
Fachkompetenz. Je nachdem, in welchem Bereich Sie tätig sind, kann
diese Rolle mehr oder weniger anspruchsvoll sein. Bei manchen Verkäufern im Key-Account-Bereich bedeutet das z.B., dass jemand einen
Universitätsabschluss in einer bestimmten Fachdisziplin benötigt, um
überhaupt in seiner Funktion als kompetenter Berater auftreten und
verkaufen zu können. In diesem Buch möchten wir darüber nicht zu
viel diskutieren, weil es stark vom Geschäftszweig abhängig ist, was die
Kompetenz eines Beraters ausmacht. Die folgenden grundlegenden
Gedanken gelten jedoch branchenübergreifend in jedem Fall.

Kenntnis der eigenen Produkte und Dienstleistungen

Dieser Punkt mutet selbstverständlich an und man glaubt, darüber eigentlich keine Worte verlieren zu müssen. In der Praxis gibt es aber

immer wieder Verkäufer, die zu wenig über ihre Produkte und ihre Dienstleistungen wissen. Manche Verkäufer sind auch der Meinung, dass das Fachwissen eine Bringschuld des Unternehmens sei. Wir vertreten die Ansicht: Fachwissen ist mindestens im selben Ausmaß auch eine Holschuld von uns Verkäufern. Das heißt, wenn wir bestimmte Informationen nicht bekommen, ist es unsere Aufgabe, uns darum zu kümmern. Das kann z.b. bedeuten, dass wir unserem Vorgesetzten oder einem Fachspezialisten so lange auf die Nerven gehen, bis wir die benötigten Angaben erhalten. In unserer modernen Wirtschaft hat Fachwissen eine immer kürzere Halbwertszeit. Daraus resultiert, dass wir uns ständig fachlich fit halten müssen.

Profiverkäufer lesen regelmäßig mindestens zwei bis drei Fachzeitschriften ihrer Branche und halten sich auf dem Laufenden. Die Fachkompetenz endet aber nicht damit, unsere eigenen Produkte und Leistungen zu kennen, sondern geht noch weit darüber hinaus. Echte Spitzenverkäufer kennen ihre Mitbewerber und deren Angebot – es gibt heutzutage gute Möglichkeiten, sich hier informiert zu halten wie z.b. das Internet, aber auch Messen oder Kataloge. Dennoch empfehlen wir Ihnen, darauf nicht Ihr Hauptaugenmerk zu legen und auch nicht zu viel Zeit für die Recherche zu verschwenden. Legen Sie ihre Energie und Ihren Fokus stattdessen lieber auf Ihre eigene Kompetenz und Ihren USP (Unique Selling Point: das, was Sie von anderen positiv abhebt).

Last, not least, gehört zu einem kompetenten Berater auch ein detailliertes „Kunden-Know-how". Damit meinen wir ein über das Allgemeinwissen hinausgehendes Detailwissen über Struktur, Organisation und Abläufe beim Kunden. Profiverkäufer wissen, wie Kunden ihre Produkte und Leistungen einsetzen und was diese beim Kunden und dessen Organisation bewirken. Das wiederum setzt ein starkes Interesse für unsere Kunden und deren Problemstellungen voraus.

1.3 Der abschlussstarke Verkäufer

Die dritte Rolle ist die des abschlussstarken Verkäufers. Darunter verstehen wir die Verkaufskompetenz. Damit ist gemeint, dass wir in der Lage sind, ein Verkaufsgespräch vorzubereiten, strukturiert zu führen, dem Kunden seinen Vorteil in der richtigen Art und Weise zu präsentieren, mit Einwänden und Vorbehalten professionell umzugehen, gemeinsam mit dem Kunden aktiv eine Kaufentscheidung herbeizuführen und danach dafür zu sorgen, dass diese Entscheidung professionell umgesetzt und ausgeführt wird. Verkaufskompetent ist also jemand, der die 8 Stufen des vorliegenden Buches souverän beherrscht und auch in schwierigen Situationen in der Lage ist, ein Verkaufsgespräch professionell von einer Stufe zur nächsten zu bringen.

2. Ausgewogenheit der Rollen

Nachdem wir uns jetzt die drei verschiedenen Rollen angesehen haben (Sympathieträger, kompetenter Berater, abschlussstarker Verkäufer), ist es wichtig, zu wissen, dass wir nur dann nachhaltig erfolgreich sein werden, wenn es uns gelingt, die drei Rollen in ausgeglichenem Maße zu entwickeln. Ein weit verbreiteter Trugschluss lautet, dass es reicht, entweder Sympathieträger oder kompetenter Berater oder abschlussstarker Verkäufer zu sein. Das reicht maximal, um mittelmäßige Ergebnisse zu erzielen. Wer langfristig überdurchschnittlich erfolgreich und als Verkäufer zufrieden sein will, entwickelt die drei Rollen in etwa gleich stark. Das ist vergleichbar mit den drei Beinen eines dreieckigen Tisches: Wenn eines der Beine zu kurz ist, kann auf dem Tisch nichts stehen bleiben – oder mit anderen Worten: kein überdurchschnittlicher Verkaufserfolg stattfinden. Jemand, der beispielsweise immer nur Sympathieträger ist und die anderen beiden Rollen nicht entwickelt, wird zwar sehr viele Kunden haben, die gerne mit ihm plaudern, ihn bewirten und ihm ihre persönlichen Sorgen bis hin zu Beziehungsproblemen erzählen. Unter Umständen werden die Kunden aber, weil Sie die anderen beiden Rollen nicht ausfüllen, beim Mitbewerber kaufen, und da hört sich der Spaß für Sie auf.

Andererseits ist es ebenso wenig ausreichend, nur der kompetente Berater zu sein. Dann passiert nämlich das, was man Beratungsdiebstahl nennt: Kunden – und vielleicht sogar Kollegen aus der eigenen Firma – rufen uns wegen aller möglichen fachspezifischen Detailproblemchen an und loben ständig unsere Kompetenz. Letztlich macht das Geschäft aber jemand anderer und nicht Sie. Auch hier gilt: Wenn die Kunden bei unserem Mitbewerber oder Kollegen kaufen, haben wir etwas falsch gemacht.

Diejenigen schließlich, die ausschließlich abschlussstarke Verkäufer sind, für den Kunden auf der menschlichen Ebene jedoch wenig bis kein Interesse haben und auch fachlich schwach sind, werden maximal einmal einen Abschluss pro Kunden machen. Spätestens nach dem ersten Geschäft werden diese Kunden merken, dass die fachliche Umsetzung mangelhaft ist und der Verkäufer sich nicht mehr um sie kümmert. Daher gilt es, alle drei Rollen gleichmäßig stark zu entwickeln.

Naturgemäß behandelt dieses Buch hauptsächlich die dritte Rolle, nämlich die der Verkaufskompetenz, und streift ein wenig die erste Rolle, die Sozialkompetenz. Meist wissen wir alle selbst am besten, wo es bei uns am ehesten hapert. Wenn Sie sich nicht ganz sicher sind, fragen Sie Ihren Vorgesetzten, einen vertrauenswürdigen Kollegen oder einen Fankunden. Im Zweifel können Sie auch alle drei befragen und bekommen so ein gutes Fremdbild, das Sie mit Ihrem Selbstbild vergleichen können.

Selbsttest:
Der kostenlose Verkäufer-Kompetenz-Check für unsere Leser

Als Leser dieses Buches erhalten Sie unseren exklusiven Verkäufer-Kompetenz-Check im Wert von € 123,– kostenlos zum Download. Schreiben Sie uns einfach eine Mail an service@vbc.at mit dem Betreff „VKC-kostenlos". Wir schicken Ihnen dann unverzüglich den Link zum Download zu.

3. Image im Verkauf

Von US-Trainerkollege Roy Chitwood stammt das folgende, sinngemäß übersetzte Zitat:

> **„Es ist nichts verkehrt am Beruf des Verkäufers! –**
> **Aber es ist einiges verkehrt daran, wie manche Menschen diesen Beruf ausüben."**

Das Image der Verkäufer ist noch immer nicht das beste, vor allem in unserem mitteleuropäischen Raum. In anderen Teilen der Welt sieht das ganz anders aus, wie z.b. im angelsächsischen Raum, wo das Image von Verkäufern auf einem ganz anderen Niveau liegt. Die „Sales

27

Reps" sind oft hoch dekoriert und nicht selten präsentieren sie ihren Jahresumsatz und ihre Provisionen in den Medien.

Aber auch wenn man Österreich Richtung Süden verlässt, wird man bereits kurz nach Grenzübertritt feststellen, dass dort die Uhren anders ticken. Geht man dort shoppen, dann erlebt man ganz andere Verkäuferpersönlichkeiten als in unseren Einkaufsstraßen: freundlich, herzlich, mit selbstbewusstem Augenkontakt. Geht man z.b. in Udine auf die Piazza de Matteo, fallen einem in der Mittagszeit stolze und prächtige Gestalten in den kleinen Cafeterien entlang des Platzes auf: Das sind die in umliegenden Geschäften arbeitenden Verkäufer, die sich im Unterschied zu vielen unserer heimischen Verkäufer nicht grau und mausig in die Ecken drücken, sondern mit standesgemäß stolzgeschwellter Brust und gut gekleidet ihren Status zeigen.

Einer der Hauptgründe für das schlechte Image der Verkäufer in unseren Landen liegt leider im Einzelhandel: Viele der teilweise ungelernten Kräfte können weder die fachliche noch die soziale Kompetenz bieten, die sich ein Kunde erwartet. Dieses schlechte Image prägt das Imagebild des ganzen Berufsstandes.

Doch auch bei uns beginnt langsam ein Umdenken, wie wir nach 20 Jahren VBC und dem Training von 170.000 Verkäufern feststellen können.

Dazu tragen unserer Auffassung nach drei Faktoren wesentlich bei:

• Viele Wirtschaftsuniversitäten und Fachhochschulen haben „Sales" in ihr Programm aufgenommen; die WU Wien arbeitet z.b. mit genau dem Training, das Ihnen hier in Buchform vorliegt.

• Qualitätsmedien beschäftigen sich in ihren Karriere-Teilen immer öfter mit Verkaufsthemen. Das schafft ein positives Image.

• Und last, not least: Dadurch, dass der Internethandel dem Einzelhandel mittlerweile bis zu 25% der Umsätze wegnimmt, ist man „offline" gezwungen, sich fachlich und verkäuferisch weiterzuentwickeln, um mithalten zu können.

Es ist schade, dass es so weit kommen musste mit dem Image unserer Zunft – immerhin ist das Verkaufen einer der ältesten Berufe überhaupt und ein Händler hatte von alters her hohes Ansehen und durfte zu Recht stolz auf seinen Stand sein – auch auf seinen Wohlstand.

4. Was bedeutet verkaufen?

Eine Beschreibung, die uns recht gut gefällt, lautet: **Verkaufen ist ein kreativer Akt zwischen mindestens zwei Menschen, bei dem am Ende für beide Seiten ein Mehrwert entsteht.**

Etwas nüchterner könnte man auch sagen: **Ein Verkäufer ist der Mittelsmann zwischen einem Anbieter und einem, der Bedarf hat. Er kennt beide Seiten gut und unterstützt den Kunden aktiv dabei, eine Kaufentscheidung zu fällen. Das Ziel ist es, eine Win-win-Situation herbeizuführen.**

Anders ausgedrückt: **Gutes Verkaufen bedeutet, dem Kunden durch kluge Fragen zu seiner richtigen Verkaufsentscheidung zu verhelfen.**

Eine Marktwirtschaft, sei sie nun frei oder sozial gelenkt, benötigt diese Vermittler (Verkäufer), damit das System funktionieren kann. Andere Wirtschaftssysteme in unseren östlichen Nachbarländern haben versucht, ohne Verkäufer auszukommen. Nach 40 bis 50 Jahren haben solche Systeme nirgends mehr funktioniert.

5. Verkaufsethik

Es gibt in jedem Berufsstand schwarze Schafe – daher ist es besonders wichtig, dass wir uns eine persönliche Berufsethik zurechtlegen. Dabei stellt sich uns die Frage, welchen Werten und Richtlinien wir unsere Arbeit unterordnen. Idealerweise sind diese Werte selbstgewählt. Natürlich ist das nur sinnvoll, wenn Sie in einer Firma oder einem Umfeld arbeiten, in dem die Firmenkultur diesen eigenen Werten nicht zuwiderläuft. Was wir Ihnen hier vorstellen, ist nur eine Anregung – jeder muss sich seine Werte selbst definieren!

6. Das Einstellungsdreieck

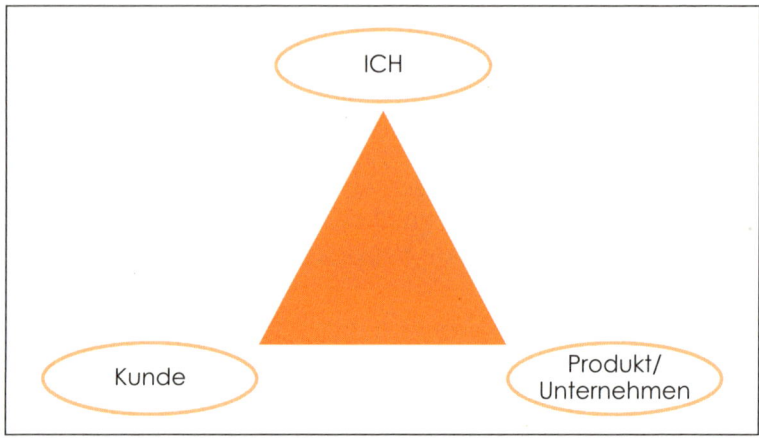

Abb. 4

Das Einstellungsdreieck umfasst die drei wichtigsten Eckpunkte in der Einstellung eines Verkäufers.

6.1 Unsere Einstellung zu uns selbst

Ganz oben stehen wir als Verkäufer. Es geht hier um unseren USP und um den Wert, den wir selbst uns zumessen. Wir sollten uns zuerst die Frage stellen: Wie stehe ich zu meinem Beruf? Bin ich stolz auf das, was ich tue? Leider ist das oft nicht so. Es kommt oft vor, dass sich z.B. Absolventen von Wirtschaftsuniversitäten nicht auf ein Jobangebot bewerben, wenn in der Jobbeschreibung das Wort „Verkauf" vorkommt, weil sie aufgrund des Images nicht in den Verkauf wollen. Auf der anderen Seite gibt es unzählige Karrieren, die im Verkauf begonnen haben. Eines der schillerndsten österreichischen Beispiele ist hier Dietrich Mateschitz, der vor seiner Karriere als Red-Bull-Chef Zahnpasta verkaufte.

Ich bin o.k., du bist o.k.

Laut dem Konzept der Transaktionsanalyse ist es ausschlaggebend, sich selbst die gleiche Wertschätzung zukommen zu lassen wie anderen. Im Buch „Ich bin o.k., du bist o.k." beschreibt Thomas E. Harris die Zusammenhänge und Bedeutung der Wertschätzung sich selbst gegenüber und anderen.

6.2 Unsere Einstellung zu Produkt und Unternehmen

Die nächste Frage, die sich stellt: Was ist die Einzigartigkeit, der USP unseres Unternehmens?

Wie stehen wir zu unserem Unternehmen und den Produkten, die es anbietet? Können wir „dahinterstehen"? Entspricht dieses Unternehmen unseren Werten, unseren moralischen Standards? Korreliert das Produkt, das wir verkaufen, mit unseren eigenen Qualitätsvorstellungen? Entsprechen der Kundenservice und das Reklamationsmanagement unserer Firma unseren eigenen Werten?

6.3 Unsere Einstellung zum Kunden

Nun kommen wir zum dritten wichtigen Punkt: zu Ihrem Kunden. Wie stehen Sie zu ihm? Wir vertreten nicht die Ansicht, dass der Kunde König sein sollte, es ist im Gegenteil wesentlich zielführender, ihm auf Augenhöhe zu begegnen. Das geht allerdings nur dann, wenn wir mit uns und unserem Produkt im Reinen sind.

Zusammengefasst

Spitzenleistungen im Verkauf sind nur möglich, wenn alle drei Ecken des Einstellungsdreiecks zusammenspielen. Wenn unsere Einstellung also unserem Unternehmen gegenüber, unseren Kunden gegenüber und vor allem auch uns selbst gegenüber positiv ist.

Ein Top-Verkäufer deckt alle drei Ecken ab. Mit zwei von dreien reicht es immerhin noch für einen passablen Verkäufer. Sollte nur eine Ecke passen, dann werden Sie sich über kurz oder lang entscheiden müssen: zum Ausstieg aus dem Verkäufer-Dasein – oder dazu, an Ihren Einstellungen zu arbeiten.

Stufe 2: Besuchsvorbereitung

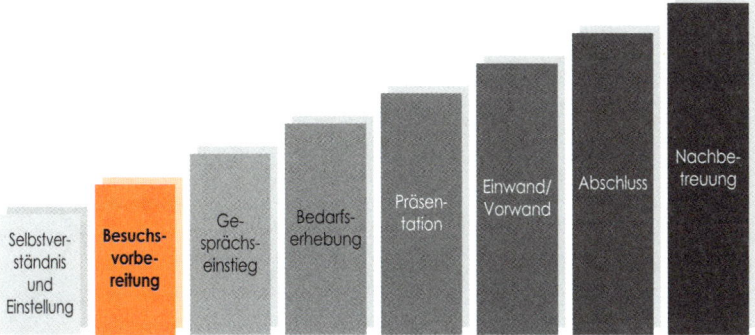

Abb. 5

Was für die meisten Lebensbereiche gilt, das gilt auch und ganz besonders für den Verkauf:

> **Über 50% des Verkaufserfolges erreichen wir durch professionelle Vorbereitung.**

1. Faule Ausreden

Wir Verkäufer wissen das. Und doch hören wir von VBC in unserem Trainingsalltag immer wieder diverse Ausreden, wieso die Vorbereitung vernachlässigt wurde. Hier kommen die Top 4 dieser Ausreden, die wir immer wieder von Verkäufern hören – wobei Sie möglicherweise die Liste noch ergänzen können.

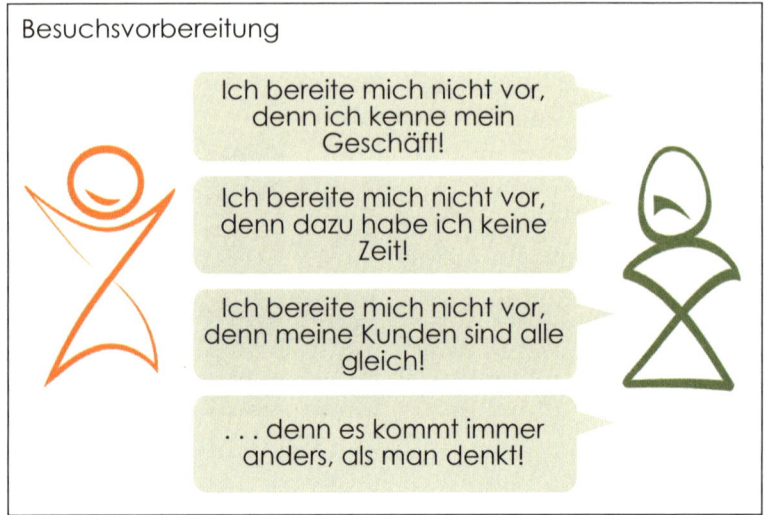

Abb. 6

1.1 Ich bereite mich nicht vor, weil ich mein Geschäft kenne

Speziell von Verkäufern, die diesen Beruf schon länger ausüben, hören wir diese Ausrede sehr oft. Immerhin haben sie schon sehr viel Erfahrung, kennen ihre Stammkunden in- und auswendig und haben auch schon allerlei Kundeneinwände gehört.

So ein Erfahrungsschatz ist in der Tat Gold wert. Allerdings kann dieser „Schatz" nur dann gehoben werden, wenn wir die Erfahrung auch nutzen und in die Vorbereitung einfließen lassen. Nur weil wir ein Kundenargument schon so oft gehört haben, bedeutet das noch lange nicht, dass wir schon über die beste Möglichkeit verfügen, damit umzugehen. Lassen Sie mich hier ein Wort des britischen Schriftstellers Aldous Huxley zitieren:

„Erfahrung ist nicht, was einem geschieht, sondern was man daraus macht."

Wir würden es so ausdrücken: „Nicht das, was uns geschieht, macht uns weise, sondern die Schlüsse und Umsetzungsschritte, die wir daraus ableiten."

Wenn man nach Huxley geht, beinhaltet Erfahrung also eine aktive Tätigkeit und ist nicht etwas, was uns einfach so, quasi von selbst, passiert. Wenn wir uns diese aktive Einstellung aneignen, werden wir nicht nur immer erfolgreicher sein als der Durchschnitt, sondern auch noch nach Tausenden Kundengesprächen immer wieder bewusst etwas dazulernen.

Abschließend könnte man sagen: Je mehr Verkaufsgespräche wir bereits geführt haben, desto weniger Zeit müssen wir möglicherweise in die Vorbereitung investieren. Ohne Vorbereitung geht ein Profi aber niemals zum Kunden!

1.2 Ich bereite mich nicht vor, weil ich dazu keine Zeit habe

In unserem modernen Arbeitsleben ist das wohl die meistverwendete Aussage. Und ich verwende ganz bewusst hier nicht sofort den Begriff „Ausrede", weil die meisten Menschen, die diese Aussage tätigen, tatsächlich davon überzeugt sind, keine Zeit zu haben. Andererseits darf man sich dann die Frage stellen, wieso es Menschen gibt, die sich sehr wohl Zeit für die Vorbereitung nehmen. Hat deren Tag etwa mehr als 24 Stunden? Natürlich nicht. Zeit ist sogar eines der demokratischsten „Güter", das wir kennen. Egal ob Multimilliardär mit eigenem Golfplatz, Yacht und Flugzeug oder Bettler unter der Brücke: für beide hat der Tag exakt gleich viele Stunden, Minuten und Sekunden. Das heißt, es gibt keinen längeren Tag – für kein Geld dieser Welt! Unser Ansatz lautet daher, dass das Problem nicht die Zeit ist, sondern vielmehr die Einstellung. Wenn wir also in der Früh nach dem Frühstück unsere Tagesplanung machen und feststellen: „Hoppla! Das, was ich heute alles erledigen soll, geht sich niemals aus!", dann gibt es u.a. zwei mögliche Grundeinstellungen.

„Ich habe zu wenig Zeit!"

Diese Aussage ist, wie vorher schon angedeutet, deshalb fatal, weil sie uns keinen Ausweg lässt. Wir bekommen ja keine Zeitverlängerung und im übertragenen Sinne sind wir dann wie jemand, der das Steuer seines Lebensschiffchens aus der Hand gibt, die Hände in die Hosentaschen steckt, die Schultern hochzieht und sagt: „Ich bin der, über den irgendwelche Mächte verfügt haben: Der wird in seinem Leben zu wenig Zeit haben! Was soll ich denn schon dagegen tun? Ich bin machtlos!"

„Ich habe zu viel zu tun!"

Diese Aussage ist dagegen viel besser. Sie bringt zwar einerseits klar zum Ausdruck, dass sich die vielen Aufgaben des heutigen Tages nicht ausgehen, aber Sie lassen sich gleichzeitig alle Möglichkeiten offen:

- **Muss** ich das tun?
- Muss das alles **ich** tun?
- **Wer** kann das sonst tun?
- **Wann** könnte wer das sonst tun?

Diese Fragen weisen einen Weg aus dem Dilemma. Für unser Thema der Besuchsvorbereitung möchte ich noch ergänzen, dass schlampige, unzureichende oder komplett fehlende Vorbereitung nicht nur zu weniger Verkaufserfolg führt, sondern uns meistens im Nachhinein auch noch mehr Zeit kostet, weil wir irgendwelche Sachen vergessen haben und dadurch doppelt arbeiten müssen. Wir müssen also entweder noch einmal zum Kunden oder aufwendig Sachen nachrecherchieren etc.

Dennoch kommen wir nicht daran vorbei, und ich will es auch nicht leugnen: Für die Vorbereitung müssen Sie Zeit investieren. Die Erfahrung zeigt aber, dass sich diese Investitionen in den meisten Fällen mehr als rechnen.

1.3 Ich bereite mich nicht vor, weil alle Kunden irgendwie gleich sind

Auch dieser Ausrede begegnen wir in unseren Trainings relativ häufig. Das sind dann auch meist die Kollegen, die mehr oder weniger alle Kunden nach demselben Schema behandeln und sich wundern, dass sie nur bei einer bestimmten Gruppe von Kunden Erfolg haben und bei vielen anderen nicht. Durch eine gute Vorbereitung, die eben auch die Person des Kunden einbezieht, können Sie sich einen Vorteil gegenüber vielen Mitbewerbern sichern.

1.4 Ich bereite mich nicht vor, weil es sowieso meistens anders kommt als man denkt

Oder, anders gesagt: Durch die Vorbereitung werde ich viel zu unflexibel und kann dann nicht mehr spontan auf die besonderen Gegebenheiten beim Kunden reagieren. Diese Aussage hören wir auch bei fast allen Verkaufstrainings, wenn wir in einer Übung die Vor- und Nachteile der Besuchsvorbereitung herausarbeiten. Wobei wir den „Nachteil" der Inflexibilität durch Besuchsvorbereitung nicht gelten lassen. Unserer Meinung nach ist Flexibilität eine Kompetenz oder vielleicht sogar ein Persönlichkeitsmerkmal, das aber nicht direkt mit der Besuchsvorbereitung zusammenhängt. Sie können sich sehr wohl detailliert auf eine bestimmte Situation vorbereiten. Wenn Sie dann im Kundengespräch auf unvorhersehbare Wünsche und Anliegen Ihres Kunden stoßen, gehen Sie – sofern Sie flexibel sind – entsprechend darauf ein. Vor allem braucht wirkliche Spontanität – das können wir aus unserer jahrelangen Erfahrung behaupten – Struktur. Wenn wir gut vorbereitet sind, dann fällt es uns leichter, die Welt durch die Brille unserer Kunden wahrzunehmen und sie dadurch rascher und leichter zu verstehen. Außerdem kann ein gut vorbereiteter Verkäufer den roten Faden nach einer Unterbrechung wesentlich schneller wiederfinden als einer, der es einfach darauf ankommen lässt.

Der einzige Nachteil der Vorbereitung, den wir gelten lassen, ist die Investition unserer Zeit, die wir einfach tätigen müssen, um gut vorbereitet zum Kunden zu gehen. Anders ausgedrückt ist das der Eintrittspreis, den Sie zahlen, um ein professionelles Verkaufsgespräch zu führen.

2. Schlechte Vorbereitung ist Geldverschwendung!

Wissen Sie, was es Sie durchschnittlich kostet, wenn Sie einmal zum Kunden fahren? Falls ja, können Sie dieses Unterkapitel überspringen. Falls nein, laden wir Sie hier zu einem kurzen Rechenexperiment ein. In der Tabelle 1 können Sie Ihre Zahlen (Jahresbruttogehalt und sonstige Kosten) eingeben und kommen mit wenigen Rechenschritten zu den durchschnittlichen Kosten eines Kundenbesuches. Falls Sie selbst Führungskraft sind und Verkäufer führen, stellen Sie bitte sicher, dass auch diese wissen, was es kostet, wenn sie zum Kunden fahren.

Tabelle 1:

Jahresbruttogehalt (oder Unternehmerlohn bei Selbstständigen)	
Gehaltsnebenkosten jährlich (Arbeitgeberbeiträge, Lohnsteuer oder Einkommensteuer und Sozialversicherung bei Selbstständigen)	
Aufwendungen für Firmenpension oder sonstige freiwillige Sozialleistungen	
Kosten für den Dienstwagen jährlich	
Reisespesen jährlich	
Kosten für sonstige Ausstattung (Mobiltelefon, Laptop, Home Office etc.)	
Aufwendungen für Schulung und Weiterbildung jährlich	
= Gesamtkosten Verkäufer jährlich	
jetzt dividieren Sie die Zahl durch die Anzahl der jährlichen Außendienstbesuche	
= Kosten pro Kundenbesuch	

Wenn Sie diese Kalkulation mit Ihren eigenen Werten machen, haben Sie Ihr eigenes Ergebnis. Diese Kalkulation machen wir auch mit Trainingsteilnehmern. Dabei kommen wir auf Zahlen zwischen € 100,– und € 300,–. Das hängt von der Kundenstruktur und der Anzahl der Besuche ab. In der Praxis bedeutet das eine Investition von € 100,– bis € 300,–, die Sie jedes Mal tätigen, wenn Sie Ihrem Kunden die Hand zur Begrüßung drücken. Wenn wir also eine solche Investition tätigen, dann wollen wir auch wissen, was wir dafür bekommen. Was soll der „Return on Investment" (ROI) dafür sein? Und weil wahrscheinlich keiner von uns € 100,–, € 200,– oder € 300,– mehrfach am Tag zum Fenster hinauswerfen will, ist es völlig legitim, sich zu fragen: „Was will ich hier erreichen?"

3. Zeit sparen mit Checklisten

Die Dauer der Besuchsvorbereitung hängt stark davon ab, welches Gespräch Sie mit welchem Kunden führen. Minimal dauert die Vorbereitung nur zwei Minuten, in denen Sie beispielsweise kurz vor dem Gespräch noch einmal Ihre Checkliste durchgehen und sich ein paar Notizen machen. Maximal kann die Vorbereitung mehrere Stunden dauern.

Angenommen, Sie versuchen seit Jahren bei einem großen Unternehmen Ihr Lösungskonzept zu präsentieren und haben jetzt endlich die Chance dazu bekommen: Sie dürfen Ihren Vorschlag vor dem kompletten Aufsichtsrats- und Vorstandsteam Ihres potenziellen Kunden präsentieren. Allerdings haben Sie dazu nur 15 Minuten Zeit. In so einem Fall kann es sein, dass Sie – wie gesagt – mehrere Stunden in die Präsentation und die Vorbereitung investieren. Aber egal, ob eine halbe Minute oder einen halben Tag: wichtig ist, dass ein Profi nicht ohne Vorbereitung zum Kunden geht. Profis verwenden Checklisten dafür. Auch Piloten würden niemals auf die Idee kommen, ohne Checkliste zu fliegen, und Profiverkäufer nehmen ebenfalls Checklisten für die Vorbereitung zur Hand. Eine sehr ausführliche Variante finden Sie im Anhang.

4. Tipps zur Vorbereitung

Generell empfehlen wir, eine Vorbereitung auf einen Kunden eher handschriftlich vorzunehmen als in Word oder einem anderen Programm auf dem Computer. Wie wir schon aus der Schulzeit wissen: Was wir mit der Hand schreiben, das merken wir uns leichter. Wie oft haben wir den Schummelzettel, den wir in liebevoller Kleinarbeit vorbereitet haben, letztlich nicht mehr gebraucht, weil durchs Schreiben die Inhalte schon in unserem Bewusstsein abgespeichert wurden.

Also nur Mut zur handschriftlichen Vorbereitung!

Sinnvoll ist es auch, den Ablauf des Gesprächs zu planen. Also sich zu überlegen, was wann geschehen soll. Gehen Sie den gewünschten Ablauf ruhig vorher im Kopf durch. Wer dies häufig macht, wird feststellen, dass in sehr vielen Fällen das Gespräch in der Realität genauso abläuft, wie man es zuvor imaginiert hat. Man nennt dies auch positive Präjudizierung oder selbsterfüllende Prophezeiung. Aber welchen Namen man ihm auch gibt: Tatsache ist, es funktioniert!

Es gibt sehr viele routinierte Verkäufer, die intuitiv schon vieles richtigmachen. Gleichzeitig können wir nach 20 Jahren und über 170.000 Verkäufern, die wir gecoacht haben, sagen, dass exzellente, wirklich exzellente Verkäufer auch nach 20 Berufsjahren sich noch immer und auf jeden einzelnen Besuch schriftlich vorbereiten. Das macht eben den Unterschied zwischen einem guten Verkäufer und einem exzellenten Verkäufer aus!

4.1 Die digitale Vorbereitung

„Google News" ist bei der Vorbereitung auf ein Kundengespräch oft sehr hilfreich. Wenn wir dort Namen und Unternehmen des Gesprächspartners eingeben, bekommen wir aus mehreren hundert Publikationen Texte der letzten 14 Tage. Da Menschen tendenziell eitel sind, ist es sinnvoll, diese(n) Artikel – gerne in Farbe – auszudrucken und sichtbar zum Gespräch mitzubringen. Immer vorausgesetzt, der Artikel ist positiv!

Die wichtigsten Social-Media-Plattformen in unserem Sprachraum sind XING und LinkedIn, aber auch Facebook wird immer mehr für Business-Aktivitäten genutzt – obwohl ursprünglich als private Social-Media-Plattform gedacht.

Aber Vorsicht: Viele Menschen neigen dazu, sich auf diesen Plattformen zu verlieren. Achten Sie hier sehr auf Zeiteffizienz! Andererseits kann man gerade aus diesen Plattformen sehr viele persönliche Informationen herausholen. Diese sollten allerdings weise und mit viel Fingerspitzengefühl verwendet – oder manchmal auch nicht verwendet! – werden.

Wir von der VBC empfehlen, die privaten Dinge auf Facebook zu belassen und sich dort nicht mit Kunden zu verlinken, sondern dafür eher die wirklichen Business-Plattformen XING und LinkedIn zu nutzen – und dort auch ein entsprechend gut gewartetes und vollständiges Profil zu pflegen.

Ein Tipp und eine Warnung zum Abschluss: Das Internet vergisst nicht! Seien Sie also generell vorsichtig mit dem, was Sie von sich präsentieren und welche Meinungen Sie mit der Welt teilen.

4.2 Ziele im Verkaufsgespräch

Wirkliche Spitzenleistungen im Sport sind nur durch eine genaue Trainingsplanung möglich. Genauso ist es im Verkauf: Exzellente Ergebnisse gibt es nur mit Hilfe einer genauen Zielplanung. Wir brauchen also für jedes Gespräch beim Kunden ein klares Ziel. Nachdem jedoch sowohl unsere Kunden als auch wir aus Fleisch und Blut sind, werden wir nicht alle unsere Ziele erreichen. Um hier dem Frust vorzubeugen und ein wenig Psychohygiene zu betreiben, setzen wir uns idealerweise neben einem Hauptziel auch noch ein leicht zu erreichendes Neben- oder Alternativziel. Dennoch sollte dieses Alternativziel mehr sein als nur einen guten Kaffee beim Kunden zu bekommen.

Stufe 3: Gesprächseinstieg

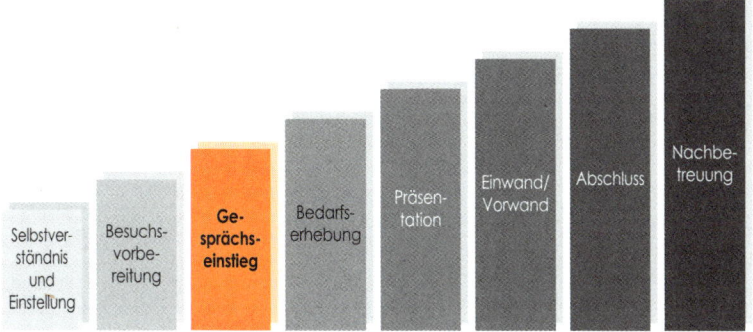

Abb. 7

1. Der erste Eindruck

Der Gesprächseinstieg an sich ist auf der Zeitachse nur eine ganz kurze Sequenz von wenigen Minuten. Aber in diesen Minuten werden die Weichen für den weiteren Verlauf des Gespräches – und möglicherweise für die komplette Kunden-Lieferanten-Beziehung – gestellt. Daher haben wir dafür im Rahmen des 8-Stufen-Konzeptes eine eigene Stufe kreiert. Gerade beim Erstkontakt mit einem neuen Kunden ist es wichtig, dass wir ganz bewusst eine persönliche und vertrauensvolle Gesprächsatmosphäre schaffen. Der Kunde soll letztlich von uns kaufen, weil unsere Produkte und Dienstleistungen seinen Bedürfnissen und Erwartungen entsprechen. Wir werden aber den Bedarf nur dann gezielt feststellen können, wenn der Kunde jetzt Vertrauen zu uns als Verkäufer schöpft. Daher gilt:

> **Der erste Eindruck zählt.**
>
> **Man sagt: Es gibt niemals eine zweite Chance für den ersten guten Eindruck.**

Woraus besteht der erste Eindruck? Dieser wird aufgrund dessen gebildet, was unser Gegenüber mit seinen Sinnen wahrnehmen kann, was es also sieht und hört, aber auch riecht und fühlt.

1.1 Sehen

Was sieht unser Kunde beim ersten Kontakt und hoffentlich auch bei den weiteren? Einen ausgeschlafenen, gepflegten Menschen, der ihm, geschmackvoll und zum Anlass passend gekleidet, mit sicherem Gang und einem freundlichen Gesicht – also lächelnd – begegnet. Übrigens gibt es in China ein Sprichwort, das angeblich weit über 3.000 Jahre alt ist und wie folgt lautet:

Wer nicht lächeln kann, sollte kein Geschäft aufmachen.

In diesem Sinne: Denken wir immer auch an unsere freundliche Mimik!

Falls Sie an dem einen oder anderen Punkt Ihrer optischen Erscheinung Zweifel haben, fragen Sie einen befreundeten Kollegen oder eine Kollegin um eine ehrliche Meinung. Was die Kleidung anbelangt, so sollte sie aus verschiedenen Blickwinkeln einigermaßen ausgewogen sein. Einerseits spielt eine Rolle, welcher Bekleidungsstil zu Ihnen persönlich passt, was Ihnen steht. Es ist grundsätzlich empfehlenswert, das zu tragen, was für Sie bequem ist und worin Sie sich wohl fühlen.

Beim Verkauf kommen aber noch zwei weitere Komponenten hinzu, die ebenso berücksichtigt werden sollten. Die eine ist das Kundenumfeld, in dem Sie sich bewegen. Wenn Sie z.B. Risikoanalysesoftware an Investmentbanker verkaufen, sind Jeans und Pullover eventuell „underdressed". Verkaufen Sie hingegen Futtermittel an landwirtschaftliche Betriebe, so ist der Nadelstreif mit Stecktuch eine fast unüberbrückbare Barriere zwischen Ihnen und Ihrem Kunden.

Die andere Variable ist die Corporate Identity (CI) oder auch „Firmenidentität" Ihres Arbeitgebers. Welche Werte vertritt Ihr Unternehmen? Wie will Ihre Firma von außen wahrgenommen werden etc.?

Idealerweise gelingt es Ihnen, mit Ihrem Bekleidungsstil allen drei Anforderungen gerecht zu werden. Es gibt mittlerweile eine ganze Reihe von Stil- und Typberatern, die Ihnen da gerne weiterhelfen, wenn Sie sich nicht ganz sicher sind. Das ist günstiger als viele glauben, weil man durch gezieltes Kombinieren und Einkaufen von zeitlosen Kleidungsstücken im Endeffekt oft wieder einiges an Geld einspart, vielleicht sogar mehr, als das Beratungshonorar ausmacht. Achten Sie in jedem Fall auf ein ausgewogenes Verhältnis der genannten drei Seiten und lassen Sie sich zumindest von stilsicheren Freundinnen und Freunden Feedback geben.

Wenn sie jetzt innerlich sagen: „Gut und schön, aber so wie meine Firma will, dass ich rumlaufe, werde ich mich sicher nicht anziehen!", dann haben Sie möglicherweise ein Problem. Langfristig wird es Reibungen geben, wenn das Verhältnis zwischen Ihrem persönlichen Bekleidungsstil, dem Kundenumfeld und der Firmen-CI stark unausgewogen ist. Da gibt es im Grunde nur einen Tipp: Einstellung ändern oder Firma wechseln!

Unterschiede bei Businesskleidung zwischen Österreich und Deutschland

Es gibt große regionale Unterschiede zwischen den Ländern, was noch als Businesskleidung betrachtet wird und was schon inakzeptabel ist. Zum Beispiel ist in Deutschland die Krawatte beim Mann zum Anzug unabdingbar, während man in Österreich und der Schweiz hier wesentlich lockerer ist. Das gilt selbst in Branchen wie Banken und Versicherungen.

1.2 Hören

Was hört unser Kunde beim ersten Kontakt? Eine angenehme, klare Stimme, die sich verständlich artikuliert, den Kunden beim Namen nennt, freundlich grüßt und den Stimmeninhaber vorstellt. Abgesehen vom Inhalt, den Sie leichter beeinflussen können, ist es auch interessant, die Stimme selbst zu optimieren. Dazu empfehle ich Ihnen Stimm- und Sprechtechnikübungen, wie sie Schauspieler oder Radio- und Fernsehsprecher machen. Aber Achtung! Wir Menschen hören unsere eigene Stimme anders, als andere uns hören. Das liegt daran, dass wir die eigenen Schallwellen nicht nur durch die Luftleitung aufnehmen, sondern auch durch die eigene Knochenleitung und mit unserem ganzen Körper als Resonanzraum.

Wenn Sie also wissen wollen, wie andere Sie hören, rufen Sie sich einfach von einem anderen Telefon aus auf Ihrem Handy oder auf Ihrem Anrufbeantworter an und hinterlassen Sie eine Sprechprobe. Wenn

Ihnen nicht gefällt, was Sie da hören, ändern Sie es. Andere Profi-Kommunikatoren (Schauspieler, Radiosprecher etc.) tun das auch. Unser Sprechwerkzeug lässt sich ebenso trainieren wie z.b. unsere Muskulatur. Ein paar simple Sprechtechnik-Übungen, die nicht länger dauern als fünf bis zehn Minuten pro Tag, wirken da oft schon Wunder. Die Zeit dazu brauchen Sie sich nicht extra zu nehmen. Machen Sie die Übungen einfach in den sogenannten „ABC-Räumen" (Auto, Badezimmer und Closett). Es gibt auch Seminare von verschiedensten Anbietern zum Thema Sprechen und Stimme.

Natürlich ist auch das jeweilige Kundenumfeld für unsere Sprache und Stimme mitentscheidend. Ein Dialekt kann beispielsweise bei einigen Kunden durchaus verstärkend wirken. Was jedoch nie positiv rüberkommt, ist Nuscheln bzw. zu hastiges und/oder undeutliches Sprechen.

1.3 Riechen

Was riecht unser Kunde beim ersten Kontakt? Ja, Sie haben völlig richtig gelesen. Unser Riechzentrum hat einen viel größeren Einfluss auf unsere Empfindung, als wir landläufig meinen. Nicht umsonst erwirtschaftet die Kosmetikindustrie jedes Jahr weltweit Milliarden damit. Wenn Sie z.B. ein Anhänger von Knoblauch und Rotwein sind, verzichten Sie am Abend vor Kundenterminen darauf und verschieben Sie den Genuss auf eine andere Zeit. Wenn Sie rauchen, nehmen Sie vor dem Gespräch ein starkes Pfefferminzbonbon und lüften Sie Ihre Kleidung aus, indem Sie noch ein Stück an der frischen Luft gehen. Wichtig ist auch die Auswahl Ihres Parfums, Rasierwassers oder Eau de Toilette. Auch dazu kann man sich im Zweifel den Rat von Freunden oder Profis holen. Achten Sie vor allem auf die Dosierung. Im Zweifel gilt jedenfalls: „Weniger ist mehr!", damit Ihr Duft nicht schon zehn Meter gegen den Wind wahrgenommen wird. Diese Empfehlung gilt für beide Geschlechter gleichermaßen.

1.4 Fühlen

Was fühlt unser Kunde beim ersten Kontakt? Einen kurzen, trockenen und festen Händedruck? Dabei geht es nicht darum, wie ein Schraubstock zuzudrücken, sondern eher darum, den Händedruck an den Kunden anzupassen.

Menschen, die besonders kinästhetisch sind, für die also körperliche Wahrnehmung besonders wichtig ist, erkennt man oft schon am Händedruck. Sie haben einen satten, oft auch länger andauernden Händedruck und legen einem sehr oft auch die zweite Hand auf die Hand oder die Schulter. Wenn wir als Verkäufer so etwas wahrnehmen, dann empfiehlt es sich, dass wir dies erwidern. Es ist eine sehr wichtige Eigenschaft von guten Verkäufern, extrem aufmerksam und achtsam zu sein und alles wahrzunehmen, was vom Kunden kommt.

2. Den ersten Eindruck „designen"

Sie sehen also, wir machen uns daran, den ersten Eindruck selbst zu erschaffen, zu „designen". Dabei wollen wir möglichst wenig dem Zufall überlassen. Stellen Sie sich einfach die Frage, was passieren soll, wenn Ihr Gesprächspartner nach Ihrem Termin in der Cafeteria seinen Chef trifft, und dieser ihn fragt: „Wie war denn das Gespräch? Was ist denn der oder die für eine/einer?" – Was sollte Ihr Gesprächspartner dann idealerweise über Sie erzählen?

Für den ersten Eindruck gibt es die Gesprächseinstiegs-Checkliste. Diese finden Sie – wie auch alle anderen Checklisten – am Ende des Buches.

Praxistipp

Wenn Sie Ihren ersten Eindruck anhand der Checkliste designen oder gestalten, geht es nicht darum, dass Sie beim Gesprächseinstieg zu den einzeln genannten Punkten jeweils etwas „sagen". Es geht vielmehr darum, das, was Sie vermitteln wollen, verinnerlicht zu haben und an sich selbst zu glauben. Das heißt, es „funktioniert" nur, wenn Sie sich zuerst selbst davon überzeugen. Erst dann kann man andere überzeugen. Nur das Feuer, das Sie in sich selbst entfachen und am Lodern halten, kann andere „entzünden". Sie werden erstaunt sein, wie gut es Ihnen mit diesen Tools gelingen wird, Ihre Botschaften nonverbal zu übermitteln.

3. Begrüßung und Vorstellung

Das Wichtigste zu Begrüßung und Vorstellung haben wir bereits im vorhergehenden Abschnitt beim Thema „Erster Eindruck" besprochen. Dazu noch eine zusätzliche Empfehlung bezüglich Ihrer Visitenkarten:

Wir von VBC empfehlen, die Visitenkarte gleich zu Beginn des Gespräches zu überreichen. Und zwar dann, wenn Sie sich selbst vorstellen. Es gibt andere Institute und Meinungen, die empfehlen, die Visitenkarte erst am Schluss zu überreichen. Das Argument für diese Variante ist, dass Sie dann sozusagen noch ein Geschenk am Ende des Gespräches haben. Etwas zum Angreifen, das Sie überreichen. Diese Argumentation stimmt. Dennoch überwiegen unserer Meinung nach die Vorteile, wenn Sie die Visitenkarte gleich am Anfang überreichen:

- Ihr Kunde hat eine Orientierung.

- Ihr Kunde sieht Ihr Firmenlogo und den Firmennamen.

- Ihr Kunde sieht Ihren Namen.

- Sie können gleich auch nach einer Karte des Kunden fragen.

Auf die letzten beiden Punkte möchte ich noch etwas näher eingehen.

Der Kunde sieht Ihren Namen

Was meine ich damit? Viele Menschen haben ein schlechtes Namensgedächtnis. Vielleicht kennen Sie selbst auch die Situation, die mir oft passiert: Mir wird jemand mit dem Namen vorgestellt, ich begrüße die Person und habe den Namen genau sieben Sekunden später wieder vergessen. Mir ist das dann peinlich und ich versuche, auf irgendwelchen Schleichwegen wieder an den Namen heranzukommen. Die Wahrscheinlichkeit, dass auch Ihr Kunde Ihren Namen wieder vergisst, ist gar nicht so gering. Möglicherweise ist es auch Ihrem Kunden peinlich, und er vermeidet es, Sie noch einmal danach zu fragen. Das kann im schlimmsten Fall bedeuten, dass unsere ganze Investition in das Designen des ersten Eindrucks für die sprichwörtliche Katz' ist. Nämlich dann, wenn der Kunde beim ersten Eindruck den dazugehörigen Namen gar nicht in seinem Gedächtnis abspeichert und eventuell während des ganzen Gesprächs abgelenkt ist, weil er versucht, sich zu erinnern. Das können Sie elegant verhindern, indem Sie dem Kunden gleich zum Gesprächsbeginn Ihre Karte geben. Der Kunde hat sie vor sich liegen und kann während des Gespräches den Namen wieder nachlesen. Er wird also Ihr Gesicht und den Eindruck, den Sie hinterlassen, in seinem Kopf gemeinsam mit Ihrem Namen abspeichern. Und genau das wollen wir erreichen.

Sie können gleich nach einer Karte des Kunden fragen

Speziell im B2B-Bereich (Verkauf an Geschäftskunden oder Institutionen) ist es völlig legitim, den Kunden nach seiner Visitenkarte zu fragen. Nicht mit vorwurfsvollem Gesicht, sondern mit einem freundlichen Lächeln.

Speziell, wenn Sie sich im Büro Ihres Kunden treffen, wird er höchstwahrscheinlich einen ganzen Stapel seiner Karten in der Schublade haben. Viele Kunden vergessen ganz einfach darauf, und wenn man sie fragt, rücken sie gerne eine heraus. Mit Hilfe der Visitenkarte können Sie sichergehen, dass Sie den Namen, die richtige Schreibweise, mögliche akademische Titel, die Telefonnummer mit Durchwahl, den genauen Firmenwortlaut und auch die Mailadresse Ihres Kunden für Ihre Kundendatenbank oder Ihr CRM-System haben.

Praxistipp

Zum Abschluss des Gespräches können Sie Ihrem Kunden durchaus noch eine zweite Visitenkarte überreichen. Und das machen Sie mit in etwa folgender Begründung: „Zu Gesprächsbeginn habe ich Ihnen bereits eine Karte von mir gegeben. Die ist für Sie persönlich. Jetzt gebe ich Ihnen noch eine zweite, die Sie sehr gerne einem Geschäftsfreund oder geschäftlichen Bekannten geben können, der ebenfalls XY (hier jetzt Ihr Hauptproduktnutzen oder Dienstleistungsnutzen) brauchen kann."

Genau an dieser Stelle am Ende des Gespräches können Sie mit dieser Einleitung auch gleich auf eine Empfehlung lossteuern. Dazu aber mehr im 7. Kapitel, wenn es um den Abschluss geht.

4. Aufwärmen wie ein Sportler

Bekanntlich wärmen sich Sportler vor jedem Wettkampf mit einigen Übungen auf. Damit wollen sie u.a. verhindern, dass es in der Belastungsphase zu einem Muskel- oder Sehneneinriss kommt. Profiverkäufer wärmen auch das Verkaufsgespräch gleich zu Beginn auf. Kunde und Verkäufer müssen sich erst aufeinander einstellen und „warm" werden. Am Anfang des Gespräches ist der Kunde vielleicht mit seinen Gedanken noch ganz woanders. Wir als Verkäufer sind zwar schon optimal vorbereitet, aber für den Kunden wäre es, als würden wir mit der Tür ins Haus fallen, wenn wir gleich mit den ersten Bedarfsfragen beginnen. Der Gesprächseinstieg ist bereits der Beginn des Aufwärmens.

Was können wir also tun, um das Gespräch aufzuwärmen?

4.1 Professioneller Smalltalk

Der Nutzen des Smalltalks wird landläufig weit unterschätzt – aus Erfahrung vor allem von technisch versierten Verkäufern oder Verkaufstechnikern. Diese tun sich mit Soft Skills wie Smalltalk besonders schwer. Aber: Wir Menschen sind keine Computer, sondern soziale Wesen, und wollen uns erst einmal auf den anderen einstellen. Wir wollen herausfinden „Was ist das für einer?", „Was hat der mit mir vor?" etc. Achten Sie darauf, dass der Smalltalk nicht abgedroschen klingt. Gespräche über das Wetter sind nicht immer geeignet, außer, es gibt einen besonderen geschäftsbedingten Bezug dazu. Wenn der Kunde z.B. im Tourismusgeschäft tätig ist, wo das Wetter einen wesentlichen Faktor darstellt.

Am besten reden wir über Interessen des Kunden, die wir entweder entdeckt haben, weil im Büro sichtbar – wie ein Golfbag neben dem Schreibtisch oder Bilder von Kindern oder die Flagge eines Fußball-Clubs – oder weil wir uns beim Ersttermin solche Informationen in unserem CRM-System notiert haben und vor dem aktuellen Termin nachschauen.

Es ist unserer Auffassung nach wichtig, Smalltalk in fragender Form zu führen, frei nach dem Motto: Alles, was du sagen kannst, kannst du auch fragen.

Beispiel hierzu: Der klassische Verkäufer schwärmt vom Fußballverein, dessen Flagge an der Wand des Kunden hängt – nur um dann peinlich berührt feststellen zu müssen, dass der Kunde gar nicht fußballinteressiert ist und die Flagge noch von seinem Vorgänger im Büro stammt.

Unser Tipp daher:

Erst eine Frage zu dem Smalltalk-Thema stellen und erst, wenn das positive Signal vom Kunden kommt, darüber reden.

4.2 Neuigkeiten

Als Profi in Ihrem Bereich sind Sie auch so etwas wie ein Informationsbroker und Nachrichtendienst für Ihre Kunden. Solange Sie dabei keine Firmengeheimnisse eines anderen Kunden ausplaudern, macht es sich gut, wenn Sie sich über die Branche und irgendwelche branchenüblichen Neuigkeiten und Trends mit Ihrem Kunden unterhalten.

4.3 Freundlichkeiten

Bei Freundlichkeiten und Komplimenten begeben sich manche von uns gerne auf dünnes Eis. Dabei gibt es eine relativ simple Faustregel. Wenn Sie sich an die halten, sind Sie in 99% der Fälle auf der sicheren Seite.

Die Faustregel lautet

„Machen Sie Komplimente nur dann, wenn Sie es ehrlich meinen."

Das heißt, wenn Sie z.B. der Meinung sind, dass der Arbeitsplatz Ihres Kunden einem unzumutbaren Saustall gleichkommt, wird die Aussage: „Nett haben Sie es hier!" möglicherweise nicht den gewünschten Effekt erzielen. Wenn wir ehrlich gemeint tolle Dinge – wie z.B. eine Krawatte bei Männern oder auch ein schönes Kleid bei Frauen – erkennen, dann empfehlen wir von VBC, es anzusprechen.

In Österreich ist dies durchaus üblich – in Deutschland erregen Sie damit besondere Aufmerksamkeit, weil man es dort nicht gewohnt ist, im Businessumfeld Komplimente zu bekommen. Die Angesprochenen lieben das und können sich dem Charme eines ehrlich gemeinten Kompliments meist schwer entziehen.

4.4 An Früheres anknüpfen

Immer dann, wenn es sich nicht um ein Erstgespräch handelt und Sie Ihre Kundendatenbank oder Ihr CRM-System ordentlich geführt haben, können Sie jetzt damit punkten. In dieser Phase sind eher private Themen angesagt. Sie sind ja erst beim Aufwärmen. Auch hier heißt es aufpassen: Wenn wir einfach in der Sommerzeit nach dem Urlaub oder Plänen fragen, dann werden wir uns von den Mitbewerbern kaum unterscheiden. Fragen Sie Ihren Kunden aber konkret, wie der Urlaub auf dem Segelboot in Kroatien war, weil er Ihnen beim letzten Gespräch davon erzählt hat, dann werden wir Aufmerksamkeit bekommen und der Kunde ist wahrscheinlich beeindruckt, weil wir uns das wirklich gemerkt haben. Als Hilfsmittel verwenden wir auch hier unser eigenes CRM-System – sofern es die Compliance-Richtlinien Ihres Unternehmens erlauben.

4.5 Interesse für das Geschäft zeigen

Wenn es kein früheres Gespräch gab und Ihnen auch sonst nichts Besonderes auffällt, liegen Sie meist richtig, wenn Sie ehrliches Interesse für das Geschäft Ihres Kunden zeigen. Dazu bedarf es natürlich einer sauberen Vorbereitung (siehe Stufe 2). Sie haben z.B. im Internet oder in der Zeitung eine interessante Nachricht (etwas Positives) über Ihren Kunden gelesen. Sie fragen also z.B.: „Ich habe gehört, dass Sie eine Tochterfirma in Singapur gegründet haben. Wie läuft es denn dort?"

Wir können in den meisten Fällen davon ausgehen, dass unsere Kunden das, was sie tun, auch gerne tun, und dass sie auf besondere Errungenschaften ihres Unternehmens und ihrer Abteilung meistens auch stolz sind. Dies trifft nur dann nicht zu, wenn die Person, mit der Sie zusammensitzen, bereits innerlich gekündigt hat. In so einem Fall ist das Gespräch dann aber ohnehin nicht besonders zielführend.

❗ Generell gilt für die Aufwärmphase

„In der Kürze liegt die Würze!"

● Von einigen besonderen Ausnahmen abgesehen sollte die Gesprächsaufwärmphase zwischen zwei und zehn Minuten dauern. Sollten Sie es übertreiben, wird Ihr Kunde Ihnen oft ohnehin körpersprachlich eindeutig Signale senden (blickt auf die Uhr, wirkt etwas nervös, rückt den Sessel zurecht, legt die Hände auf den Tisch und signalisiert körpersprachlich, dass er etwas schreiben oder tun möchte). Es gibt allerdings auch Kunden, die selbst in epischer Breite in den Smalltalk einsteigen. Das kann dann auch schon mal bis zu einer Stunde oder länger gehen. Was zwar gut für die Beziehungsarbeit ist, aber oft schlecht für das Geschäft. Denn in der Regel fehlt dann später die Zeit, um unsere eigene Botschaft unterzubringen und/oder konkrete nächste Schritte (kleine Abschlüsse) zu vereinbaren. Mehr dazu in Stufe 7 (Abschlusstechnik).

4.6 Aufwärmen auch bei Fankunden

Die Gesprächsaufwärmphase beachten wir meist vor allem bei Erstgesprächen, also bei potenziellen Kunden, die wir zum ersten Mal sehen. Kennen wir einen Kunden jedoch schon sehr gut, so tendieren wir dazu, die Aufwärmphase zu vergessen oder wegzulassen. Frei nach dem Motto: „Wir sind eh schon per Du und haben viele Geschäfte gemacht, da brauche ich das nicht mehr!" Das kann gefährlich sein. Wir kommen bestens vorbereitet zum Kunden und haben auch einen Termin. Wir wissen aber nicht, ob der Kunde vielleicht gerade eine Hiobsbotschaft empfangen hat. Vielleicht hat der wichtigste Mitarbeiter gekündigt oder es gab einen Streit mit einem Kollegen. Daher gilt auch hier die Empfehlung für eine Aufwärmphase.

5. Raum richtig nutzen

Kennen Sie das Gefühl, wenn Ihnen jemand – rein räumlich gesehen – zu nahe tritt, oder wenn jemand – wieder rein räumlich gesehen – auf Distanz geht? Der richtige Umgang mit dem Raum sowie das Wissen, wie man sich im Raum richtig bewegt und wo sich die günstigsten Positionen im Raum befinden, kann die Gesprächsatmosphäre entscheidend verbessern oder auch verschlechtern. Edward T. Hall, der Entdecker dieser Zusammenhänge, hat den Begriff „Proxemik" geprägt. Proxemik ist die Lehre von der Nutzung des Raums. In dem Zusammenhang ergeben sich für uns in der Verkaufspraxis folgende Fragen:

5.1 Wie betrete ich das Büro meines Kunden?

Wenn wir unseren Kunden in seinem Büro oder in seinem Unternehmen treffen, befinden wir uns sozusagen im „Territorium" des anderen. Wir sind die „Eindringlinge" und der Kunde kann (idealerweise) die Rolle des Gastgebers übernehmen. Daher empfiehlt es sich, im persönlichen Auftritt eine Balance zwischen einerseits „zu zurückhaltend" und andererseits „zu selbstsicher" (überheblich) zu finden. Wenn wir z.b. sehr zaghaft anklopfen, dann vorsichtig die Türklinke drücken, zuerst nur den Kopf durchstrecken und mit der Mimik bereits eine Entschuldigung für die eigene Präsenz signalisieren, wirken wir eindeutig zu unsicher. Das andere Extrem wäre, wenn wir die Türe aufreißen, auf den Kunden und seinen Schreibtisch zu galoppieren und ihn mit dem Händedruck förmlich vom Sessel reißen. Zwischen diesen Extrembeispielen liegt der Bereich, für den sich jeder, basierend auf seiner Persönlichkeit und seinem persönlichen Stil, entscheiden kann.

Wichtig ist dabei die Wirkung unseres Tuns. Was für das gesamte Verkaufsgespräch wichtig ist, gilt hier fast doppelt. Die Signale, die wir mittels unserer Körpersprache ausstrahlen, machen jetzt einen Gutteil des ersten Eindrucks aus. Die Körpersprache ist sozusagen der Handschuh der Seele, und bewusst oder unbewusst orientieren sich unsere Kunden in diesen ersten Sekunden mehr an dem, was sie an körpersprachlichen Informationen von uns bekommen.

5.2 In welcher Position führe ich das Verkaufsgespräch?

Wenn Sie mit Ihrem Kunden an einem Tisch sitzen, vermeiden Sie tunlichst die frontale Position, also das direkte Vis-à-vis-Sitzen. Aus der Verhaltenspsychologie und der verkäuferischen Praxis wissen wir, dass sich allein durch das direkte Gegenübersitzen eher eine Konfrontation ergibt als ein Miteinander. Idealerweise sitzen wir also mit unserem

Kunden über Eck am Tisch, sodass wir physisch einen Schulterschluss machen und uns auch gemeinsam Dinge ansehen können. Diese Sitz- oder Stehposition vermeidet die Konfrontation und unterstützt das Gemeinsame und das Miteinander. Natürlich ist das in der Praxis nicht immer so einfach. Manche Kunden bleiben an ihrem Schreibtisch sitzen und haben direkt vis-à-vis einen Besucherstuhl, auf dem sie uns einen Platz anbieten. In dem Fall müssen wir uns zuerst damit begnügen. Diejenigen Kunden, die darüber hinaus auf Machtspielchen Wert legen, haben vielleicht sogar einen Besucherstuhl, der bewusst niedriger ist als der eigene imposante Ledersessel („Thron"). Auch hier werden wir uns zuerst damit begnügen. Das heißt aber nicht, dass dies während des gesamten Verkaufsgesprächs so bleiben muss. In vielen Fällen gibt es im Büro noch eine Art Besprechungstisch. Wenn Sie einen solchen erspähen, können Sie Ihren Kunden dorthin locken und dann mit ihm Schulter an Schulter sitzen. Wenn wir im Verkaufsgespräch Medien verwenden, wie z.B. Präsentationen auf Notebooks oder Folder/Prospekte, dann empfehlen wir, links vom Bild zu sitzen.

! Merkspruch

Links vom Bild ist immer richtig!

Warum? In unserem Kulturkreis beginnen wir links zu lesen. Daher hat diese Position den Vorteil, dass wir einerseits die nötige Aufmerksamkeit bekommen und andererseits besser den Blick führen als von rechts, ohne dem Kunden den Blick zu verstellen. So können wir das, was wir sagen, besser mit dem verknüpfen, was der Kunde hört und so die beiden Wahrnehmungsebenen aufeinander abstimmen. Das schafft größeren „Merkwert".

! Praxistipp

Mit etwa folgender Aussage können wir dann unseren Kunden – am besten nach der Bedarfserhebung – hinter seinem Schreibtisch hervorlocken: „Ich habe Ihnen etwas mitgebracht, das ich Ihnen gerne zeigen würde. Das lässt sich hier schwer machen. Können wir eventuell dort hinübergehen?"

Jetzt ist es wichtig, dass wir unsere Körpersprache bewusst einsetzen. Zunächst müssen wir uns selbst glauben, dass der Kunde gleich mit uns am Besprechungstisch sitzen wird. Und noch während wir oben genannte Aussage tätigen, stehen wir wie selbstverständlich auf, machen ein freundliches Gesicht und eine Geste in Richtung des Besprechungstisches.

In manchen Fällen kann es auch sinnvoll sein, den Kunden komplett aus seinem Büro herauszulocken. Das geht dann, wenn wir ihm irgendwo anders etwas zeigen wollen (z.B. eine komplexe Installation oder etwas, das Sie nicht in sein Büro schleppen können) und/oder wenn wir mit dem Kunden zu einem Geschäftsessen oder in ein Kaffeehaus gehen.

5.3 Vorbereitung des „Arbeitsplatzes"

Dabei geht es darum, dass wir als Außendienstverkäufer beim Verkaufsgespräch unseren Arbeitsplatz meistens in den Räumlichkeiten des Kunden haben. Wie vorher erwähnt, befinden wir uns – rein territorial gesehen – auf fremdem Gebiet und sind sozusagen „Eindringling" im Territorium des anderen. Daher bewegen wir uns entsprechend vorsichtig und vermeiden allzu grobe „territoriale Verletzungen". Eine solche territoriale Verletzung wäre z.B., wenn wir im Besprechungszimmer unwissend auf dem Lieblingsstuhl des Firmenchefs Platz nehmen. Der Boss betritt nach uns den Raum und sieht, dass ein Eindringling ihm seinen Platz streitig macht. Eine andere Territorialverletzung kann vorliegen, wenn wir auf dem voll geräumten Schreibtisch des Kunden, an dem wir mangels Alternative Platz nehmen, unsere Unterlagen entweder über seine Stapel legen oder seine Sachen ungefragt zur Seite schieben. Im schlimmsten aller Fälle schrammen wir sogar mit unserem leicht verschmutzten Verkaufskoffer, von dem der Kunde nicht weiß, ob er nicht vorher auf dem dreckigen Bürgersteig abgestellt wurde, über die polierte Ahorn-Tischplatte des Kunden.

Das klingt alles sehr banal, wirkt aber unterbewusst enorm stark.

❗ Der Praxistipp lautet daher

Am Schreibtisch des Kunden fragen wir, ob wir unseren Schreibblock oder unsere Verkaufsunterlagen ablegen dürfen. Mit gutem Augenkontakt und einer kurzen Pause werden wir das O.K. des Kunden bekommen, der uns gegebenenfalls auch etwas Platz frei räumt. In einem Besprechungszimmer, in das wir gebeten werden, bevor die anderen Teilnehmer hereinkommen, können wir sicherheitshalber fragen, wo wir denn Platz nehmen können oder sollen.

Was die Unterlagen anlangt, so empfehlen wir von Anfang an einen Schreibblock mit Stift und die handschriftliche Gesprächsvorbereitung bereitzulegen und gegebenenfalls auch den Ablaufplan mit Zielen griffbereit zu haben. Keine Sorge, dass Ihr Kunde den Eindruck haben könnte, Sie seien ein Anfänger – ganz im Gegenteil: Das wirkt professionell und gibt dem Kunden die Sicherheit, mit jemandem zusammenzusitzen, der gut vorbereitet ist und seine Zeit nicht vergeudet, sondern gut zu nutzen weiß.

Prospekte, Demonstrationsmaterial, Fotos und andere interessante Unterlagen behalten Sie unbedingt noch auf Ihrer Tischseite. Wir Menschen sind nämlich neugierige Augentiere, und der Gesichtssinn (also das Visuelle) liefert in etwa 75% der Informationseinheiten (bei Sehenden) und hat daher eine viel höhere Priorität als der Gehörsinn (das Akustische) und der Tastsinn (das Kinästhetische). Das heißt, wenn Sie mit Ihrem Kunden am Tisch sitzen und ihm etwas erzählen oder ihn etwas fragen (akustisch), er gleichzeitig aber ein tolles Vierfarbprospekt ansieht (visuell), wird er Ihnen weniger zuhören. Er wird vielmehr neugierig darauf sein, was es denn da Tolles zu sehen geben wird. Etwas dominantere Kundentypen werden sogar nach den Unterlagen greifen und beginnen, sie durchzublättern und Ihnen Fragen zu stellen. Das ist möglicherweise nicht in Ihrem Sinne und passt nicht in die Dramaturgie Ihres Verkaufsgespräches. Daher lautet unsere Empfehlung, die Unterlagen gleich zu Beginn des Gespräches aus der Tasche zu nehmen, allerdings auf Ihrer Tischseite zu belassen.

Warum sollten wir die Unterlagen dann überhaupt gleich herauslegen? Es zeigt sich in unserer Praxis oft, dass es im Dialog einen sogenannten Rapportbruch gibt, wenn wir mitten im Gespräch beginnen, in der Tasche herumzukramen (oder – noch schlimmer – hinauslaufen müssen, weil wir die Unterlagen im Auto vergessen haben).

6. Elevator Pitch

Stellen Sie sich vor, Sie sind bei einem großen Firmenkunden und hatten gerade ein Erstgespräch mit einem der Einkäufer. Das Gespräch lief so lala, und Sie haben einen zweiten Termin vereinbart, bei dem

Sie bereits ein konkretes Angebot präsentieren werden. Wie es der Zufall will, fahren Sie im Lift gemeinsam mit dem Vorstandsvorsitzenden dieser Firma. Sie kennen den Mann aus den Medien und haben nicht damit gerechnet, ihn zufällig anzutreffen. Sie haben eine Broschüre Ihrer Firma in der Hand und der Vorstandsvorsitzende Herr Dr. Schwertberg erkennt den Firmenschriftzug Ihrer Firma und spricht Sie darauf an.

Kunde Dr. Schwertberg: „Ah, ich sehe Sie sind von der Firma CBA Dienstleistungen, was haben Sie denn Schönes für unser Haus zu bieten?"

So, jetzt kommt's. Sie haben vielleicht 20 Sekunden Zeit, bis der Lift unten angekommen ist und sich Ihre Wege wieder trennen werden. Es gibt natürlich kein Standardrezept, was Sie jetzt machen, aber eines ist klar: Sie haben jetzt ein ganz kurzes Zeitfenster, um Interesse für Ihre Lösungen zu wecken und einen guten Eindruck zu hinterlassen – oder aber es zu vermasseln.

Hören wir uns einmal an, was Kollege Georg jetzt von sich gibt.

Verkäufer Georg: „Ja, äh, also, was soll ich sagen, wir sind einer der drei führenden Anbieter für komplette ABC-Lösungen, und ich hatte einen Termin mit Ihrem Einkäufer Herrn Selig. Na ja, das Gespräch ist ganz gut gelaufen und ich komme dann bereits mit einem konkreten Angebot für Sie nächste Woche wieder."

Kunde: „Schön, schön, das klingt ja interessant. So, ich muss jetzt weiter, vielen Dank und toi, toi, toi."

Na ja, daran kann man noch feilen. Hier eine andere Variante.

Verkäufer Bernd: „Schön, Herr Dr. Schwertberg, dass Sie meine Firma kennen. Darf ich fragen woher?"

Kunde: „Ja, ja, ich hatte bei meiner letzten Firma mit einem Ihrer Kollegen zu tun und mir hat die Lösung damals gut gefallen, wir sind nur preislich damals nicht zusammengekommen."

In dieser Variante sind Sie mit dem Nennen des Namens des anderen und einer Frage bereits ins Gespräch gekommen. Jetzt könnten Sie fortfahren, in dem Sie sich selbst vorstellen und eine Visitenkarte herausrücken, um dann eine von Herrn Dr. Schwertberg zu verlangen und – falls es die Zeit erlaubt – noch Interesse für die jetzige Projektlösung zu wecken.

Oder aber Sie agieren gemäß der Variante von Verkäuferin Anna.

Verkäuferin Anna: „Das freut mich, Herr Dr. Schwertberg, dass Sie mein Unternehmen kennen. Darf ich mich vorstellen, mein Name ist Anna Frankenberg. Ich bin bei uns auf Gesamtlösungen spezialisiert. Ich hatte heute einen Termin mit einem Ihrer Einkäufer, und wir sprachen über ein interessantes neues Konzept, das einige Kosteneinsparungen in Ihrer Auslandslogistik bewirken kann. Allerdings, um das komplette Einsparungspotenzial für Sie zu lukrieren, bedarf es wahrscheinlich eines Engagements von allerhöchster Stelle, also von Ihnen. Wie interessant ist das für Sie?"

Hier ist unsere Kollegin gleich sehr zielbewusst mit einem Nutzenversprechen auf einen Termin zugestrebt, nämlich jenem der Einsparung. Wenn der Vorstandsvorsitzende jetzt Interesse signalisiert, könnte unsere Kollegin gleich einen Termin vereinbaren. Oder sich von Dr. Schwertberg das O.K. holen, sich mit der Vorstandssekretärin einen Termin auszumachen. Diese Vorgehensweise ist hoch professionell, beinhaltet aber die Gefahr, dass sich der Einkäufer übergangen fühlt.

Welche Variante Sie einsetzen, können im Einzelfall nur Sie selbst entscheiden. Jedenfalls ist es wichtig, sich auf eine solche Situation, in die Sie eigentlich nicht nur im Aufzug, sondern auch beim Einkaufen, im Lebensmittelgeschäft, im Kaffeehaus, auf dem Golfplatz, in der Flughafenlounge oder wo auch immer geraten können, gut vorzubereiten.

Damit es überhaupt zu einer solchen Situation kommen kann, ist es gut, ein erkennbares Firmensymbol Ihrer Firma mit sich zu tragen, wie beispielsweise Unterlagen oder Logo auf Ihrer Aktentasche, Firmenlogo als Button auf dem Anzug oder was immer Ihnen auch dazu einfällt. Und zweitens ist es wichtig, sich auf eine solche Kurzansprache vorzubereiten. Gut geeignet dafür sind auch die sogenannten MNC-Schleifen, die Sie im 5. Kapitel (Präsentation) noch näher kennen lernen werden. Hier noch eine kurze Zusammenfassung, worauf es ankommt:

1. Freundliche Mimik und guter Augenkontakt.

2. Wenn möglich, den Namen des Gesprächspartners nennen.

3. Wenn der Gesprächspartner signalisiert, dass er Ihr Unternehmen kennt, nachfragen und anknüpfen.

4. Eine Fähigkeiten-Aussage platzieren (also ein Merkmal Ihres Unternehmens oder Angebots), danach den Nutzen für den Kunden erklären und idealerweise mit einer Frage enden.

5. Wenn möglich, Visitenkarten austauschen und nächsten Schritt vereinbaren.

6. Falls kein nächster Schritt vereinbart werden konnte, auf jeden Fall kurzes E-Mail oder Kurzbrief mit einem Dankeschön und einer interessanten Information nachsenden.

Sie sehen, auch beim Gesprächseinstieg überlassen wir die wichtigen Dinge nicht dem reinen Zufall. Sie bereiten sich auf verschiedene Eventualitäten vor und dann wird der Erfolg Ihnen „zufallen".

7. Vom Smalltalk zum Business Talk

Wichtig hierbei ist der sogenannte Brückensatz. Oft fällt im Smalltalk ein Stichwort und wir können darüber eine gute Brücke zum Business Talk schlagen. Wenn dieses Stichwort jedoch nicht kommt, können wir z.B. einen charmanten Blick auf die Uhr werfen und den Kunden fragen, wie lange er denn Zeit hat. Das geht selbst dann, wenn der Zeitrahmen schon bei der telefonischen Terminvereinbarung festgelegt wurde. Abhängig von der Antwort können wir dann geschickt überleiten, beispielsweise mit dem Brückensatz: „Damit wir die Zeit optimal nutzen, habe ich einige Fragen vorbereitet. Um Ihnen nicht alles zu erzählen, was ich mitgebracht habe, sondern mich auf das zu konzentrieren, was Sie wirklich interessiert!" Diese Überleitung können wir dann mit einer „Checking-Frage" abschließen, ob das für den Kunden so o.k. ist. Wenn er ja sagt (was meistens der Fall sein wird), dann sind wir nun autorisiert, Fragen zu stellen.

8. Der ideale Gesprächszeitplan

Auf Basis eines 90-minütigen Gesprächs sehen Sie in der untenstehenden Grafik, wie das ideale Gespräch ablaufen soll. Sollte die geplante Gesprächszeit kürzer oder länger sein, müssen die Längen der einzelnen Gesprächsphasen natürlich entsprechend angepasst werden.

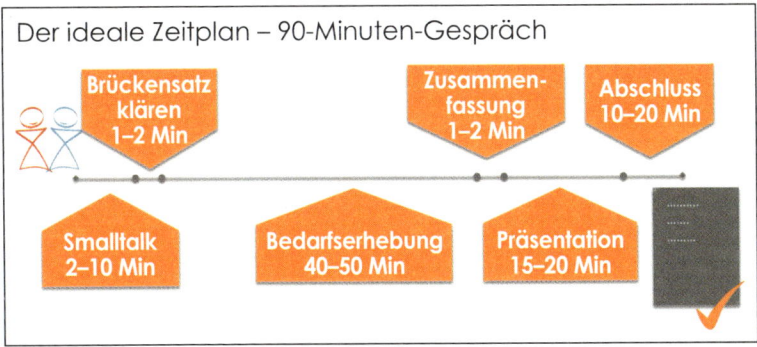

Abb. 8

Ein paar Minuten Smalltalk, danach der Brückensatz. Die Bedarfserhebung ist unser Business Talk. Danach eine ganz kurze Zusammenfassung, um uns einerseits so die O.K.s vom Kunden zu holen und ihn auf die „Ja-Straße" zu holen. Andererseits aber auch, um unserem Kunden die Möglichkeit zu geben zu sagen, nein, das hat er anders gemeint. So können Missverständnisse vermieden werden, bevor wir in die Präsentation gehen. Sonst bauen wir unsere Präsentation möglicherweise auf Missverständnissen auf.

Danach kommt die Präsentation. Was für viele Verkäufer ungewohnt ist, ist die späte und kurze Präsentationszeit im Vergleich zu der langen Bedarfserhebungszeit. Wir werden jedoch in den einzelnen Stufen darauf noch näher eingehen, warum das so ist. Was wir dann noch brauchen, ist die Zeit, um einen Abschluss – bzw. in den meisten Fällen das weitere Procedere – zu vereinbaren. Ein Commitment vom Kunden einzufordern, wie es weitergehen wird. Im B2B werden kaum Geschäfte nach dem Erstkontakt abgeschlossen, und gerade deswegen ist es so wichtig, beim ersten Termin einen guten nächsten Schritt zu vereinbaren. Es sollte geklärt werden, wer dabei sein muss, wann es stattfinden wird und wo man sich trifft. Das könnte auch die Zielvorgabe in der Vorbereitung für ein Gespräch mit einem Kunden darstellen.

Gerade wenn wir – was in der Praxis oft vorkommt – auf einen Kunden treffen, der scheinbar ewig lang Zeit für Smalltalk hat und dann plötzlich draufkommt, dass er gleich von seiner Frau zum Mittagessen abgeholt wird oder ein anderer Termin auf ihn wartet, dann haben wir vor lauter Höflichkeiten und Socializing unser Gesprächsziel verfehlt.

Nämlich ihm zu zeigen, was für ihn wichtig ist, und zu klären, wie es weitergeht. Dann war unsere Zeit eigentlich verschwendet. Wir hatten vielleicht die Möglichkeit, eine gute Kundenbeziehung aufzubauen, haben aber sonst nichts erreicht. Daher ist eine gute Planung wichtig.

Stufe 4: Bedarfserhebung

Abb. 9

Alle acht Stufen des Programms sind wichtig, und als Verkäufer sollten wir vor allem in einem Erstgespräch keine der Stufen überspringen, wenn wir wirklich erfolgreich sein wollen. Wenn man jedoch die Stufen priorisieren müsste, dann wäre die Bedarfserhebung unangefochten auf Platz eins. Dort erfahren wir, was unser Kunden denkt, was er braucht, und wir haben die Möglichkeit, im Gespräch darüber nachzudenken, wie wir unsere Dienstleistung oder unser Produkt nach erfolgter Bedarfserhebung an die Welt des Kunden anpassen. Deswegen ist die Bedarfserhebung auch jener Teil des Kundengesprächs, der die meiste Zeit in Anspruch nimmt (siehe Abb. 8).

Unter Bedarfserhebung verstehen wir jenen Teil des Verkaufsgesprächs, bei dem wir den Kundenwunsch und den Kundenbedarf herausfinden. Es geht also nicht darum, was wir dem Kunden verkaufen wollen, sondern darum, was unser Kunde sich wünscht oder benötigt. Dabei genügt es nicht, nur den Kundenwunsch herauszufinden. Wir müssen auch den Kundenbedarf erfahren bzw. wecken. Manchmal gibt es ein gewisses Spannungsfeld zwischen Kundenwunsch und Kundenbedarf.

Praxisbeispiel

Unser Verkäufer hat einen Ersttermin mit dem Anzeigenvertriebsleiter einer angesehenen überregionalen Tageszeitung. Der Gesprächseinstieg und die Aufwärmphase laufen gut, und so geht er in die Bedarfserhebung. Was der Kunde sich *wünscht*, ist, dass seine Verkäufer abschlussstärker werden. Er ist also der Meinung, dass seine Verkäufer ein Abschlusstraining brauchen, damit er mehr Anzeigenumsatz generieren kann. So präsentiert ihm der Verkäufer seine Möglichkeiten und vereinbart mit ihm ein Fact-Finding in Anwesenheit einiger seiner Mitarbeiter. Dabei bemerkt er, dass die Leute in erster Linie frustriert und demotiviert sind, weil zwei neue Regionalverkaufsleiter eingesetzt wurden, mit denen sie überhaupt nicht können. Außerdem sind mehr oder weniger alle mit dem seit Jahreswechsel neu eingeführten Provisionssystem unzufrieden. So ist es leicht, zu erkennen, dass der *Kundenbedarf* kein Abschlusstraining ist, sondern dass hier eindeutig ein Organisationsentwicklungs- und möglicherweise auch ein Führungsproblem vorliegt. Natürlich kann der Verkäufer nun den Kunden in seinem Glauben lassen, dass sein Wunsch nach einem Abschlusstraining all seine Probleme löst. Aber das wäre nicht nur unseriös und unethisch, sondern auch dumm. In dem Fall hätte ein Verkaufsabschlusstraining zwar einen kurzfristigen Umsatz gebracht, aber nicht das Problem des Kunden gelöst. Daher empfiehlt er ihm besser, zuerst eine Organisationsentwicklung zu machen und gemeinsam mit seinen Leuten eine Lösung für das Provisionssystem zu finden, um danach über Verkaufstrainings zu sprechen. Nachdem wir von VBC keine Organisationsentwicklungsberatung machen, empfehlen wir an dieser Stelle entsprechende Spezialisten.

Zu diesem Beispiel werden manche wahrscheinlich sagen: Der Verkäufer ist ein Dummkopf und lässt sich Umsatz entgehen, der quasi auf der Straße liegt. Und die Vertreter des „Macho Selling" bzw. „Hard Selling" (die wir für einen evolutionären Rückschritt und Irrtum halten) würden sich an den Kopf greifen. Wir aber vertreten die Ansicht, dass dieser Kunde sicher kein zweites Training gekauft hätte, nachdem er darauf gekommen wäre, dass das Abschlusstraining nicht seine Probleme löst. Das ist also ein klassischer Fall von Diskrepanz zwischen Kundenwunsch und Kundenbedarf. Der Unterschied muss nicht immer so groß sein, dass wir dann nichts anbieten oder verkaufen können, im Gegenteil: Meistens können wir den Kundenbedarf selbst decken.

1. Faule Ausreden

In der Praxis passiert es noch immer sehr oft, dass nur eine ungenügende oder gar keine Bedarfserhebung gemacht wird. Folgende Ausreden müssen aus unserer Erfahrung dafür oft herhalten:

1.1 Ich weiß, was meine Kunden wollen

Es kann schon sein, dass wir aufgrund unserer Erfahrung und/oder unserer Intuition ein sehr gutes Urteilsvermögen entwickelt haben und den Kundenbedarf oft im Vorhinein recht gut einstufen können. Trotzdem ist es grob fahrlässig, diese Vorahnung nicht durch ein paar gezielte Bedarfserhebungsfragen abzuklopfen.

1.2 Ich sehe den Leuten an, was sie brauchen

Dahinter steckt derselbe Geist wie bei der ersten Ausrede, und er ist hier genauso gefährlich. Daher gilt hier sinngemäß, was ich schon zur ersten Ausrede geschrieben habe.

1.3 Dafür haben meine Kunden keine Zeit

Diese Ausrede oder Aussage ist durchaus ernst zu nehmen, und es kann immer wieder mal passieren, dass der Kunde sagt: „Ich habe nicht viel Zeit, also erzählen Sie mir schnell, was Sie zu bieten haben." Dadurch lassen sich manche Kollegen ins Bockshorn jagen und glauben, keine Bedarfserhebung machen zu dürfen. Also beginnen sie, ins Blaue hinein zu präsentieren. Aber Achtung: Auch in diesem Fall brauchen wir eine Bedarfserhebung. Wir müssen sie nur dem Kunden zuerst „verkaufen". Der Kunde muss also erkennen, welchen Nutzen er hat, wenn er sich jetzt Zeit dafür nimmt, uns ein paar Fragen zu beantworten. Dazu empfehlen wir die sogenannte „Vorspanntechnik". Wie der Name schon sagt, spannen wir etwas vor die Fragen. Nämlich eine Aussage, weshalb die kommenden Fragen für den Kunden interessant sind.

1.4 Ich kann ja nur immer das Gleiche anbieten

Diese Aussage entstammt der Sorge, bei der Bedarfserhebung könnte herauskommen, dass der Kunde etwas anderes braucht, als wir bieten können. Die Sorge ist grundsätzlich berechtigt. Nur ist es keine gute Lösung, deshalb die Bedarfserhebung auszulassen. Wenn wir im Gespräch herausfinden, dass wir den Bedarf des Kunden nicht abdecken können, dann wissen wir zumindest, dass wir hier nicht mehr allzu viel Zeit verbringen sollten. Was uns auch schon zum Punkt „Kundenqualifizierung" bringt. Dazu aber etwas später in diesem Kapitel.

Praxistipps „Vorspann-Formulierungen"

„Damit ich Ihnen eine für Sie maßgeschneiderte Lösung anbieten kann, habe ich zuerst ein paar Fragen ..."

„Um noch besser zu verstehen, worum es in Ihrem speziellen Fall geht, möchte ich Ihnen zuerst noch ein paar Fragen stellen ..."

„Bevor ich Ihnen einen konkreten Vorschlag mache ..."

So oder so ähnlich kann die Vorspanntechnik formuliert werden. Wichtig dabei ist, dass wir dem Kunden einen Nutzen für seine Investition, nämlich die Zeit des Beantwortens unserer Fragen, in Aussicht stellen, der für ihn relevant ist. Es geht darum, unserem Kunden zu „verkaufen", wieso es für ihn wichtig ist, dass wir ihm jetzt Fragen stellen.

Beispiel: „Ich habe in meinem Koffer so viel an Information mitgebracht, dass ich Sie mit all dem nicht überladen möchte. Ist es daher für Sie o.k., wenn ich Ihnen einige Fragen stelle, um herauszufinden, welche dieser Informationen für Sie Relevanz haben?" Unsere Erläuterung sollte immer mit der Checking-Frage „Ist das in Ordnung für Sie?" abgeschlossen werden, damit wir uns wirklich das O.K. vom Kunden einholen, bevor wir losschießen.

Praxistipp „Timing der Vorspanntechnik"

Machen Sie nach der Vorspanntechnik eine kurze Pause und sehen Sie dem Kunden in die Augen. Der Kunde muss nämlich zu diesem Vorschlag zuerst ja sagen oder ihn zumindest körpersprachlich abnicken. Dann wird auch der stressigste Dringlichkeitsdynamiker ihre Fragen brav beantworten. Vorausgesetzt, die Fragen sind relevant und sinnvoll. Was wiederum voraussetzt, dass wir die Fragen bereits im Rahmen der Besuchsvorbereitung durchdacht haben. In diesem Zusammenhang verweise ich noch mal auf die entsprechende Stelle im 2. Kapitel.

Kann es Kunden geben, die sich trotz allem und mit bester Vorspanntechnik keine Zeit nehmen wollen, um unsere Fragen zu beantworten? Ja, das kann vorkommen. In diesem Fall empfehlen wir, lieber charmant das Gespräch zu beenden. Besser ein eleganter Ausstieg als das Verkaufsgespräch zum Glücksspiel verkommen zu lassen.

2. Was bringt die Bedarfserhebung?

Zusammenfassend möchte ich sagen, dass Profiverkäufer in jedem Fall eine Bedarfserhebung machen sollten. Wie wir das machen, erfahren Sie in den nächsten Unterkapiteln zum Thema Fragetechnik und aktives Zuhören. Hier möchte ich noch ergänzen, was wir uns von einer guten Bedarfserhebung erwarten können. Was also bringt eine Bedarfserhebung? Die folgenden Fragen sollten beantwortet werden:

2.1 Was braucht der Kunde wirklich?

Wir finden heraus, was der wirkliche Kundenbedarf ist und ob es gegebenenfalls eine Diskrepanz zwischen Kundenwunsch und Kundenbedarf gibt.

2.2 Wie laufen Kaufentscheidungen ab?

Für uns Verkäufer ist es sehr interessant zu erfahren, wie in der Firma des Kunden die Kaufentscheidung getroffen wird. Im Falle eines institutionellen Kunden, also einer Firma oder Organisation, reden möglicherweise mehrere Personen mit. Aber selbst beim Inhaber eines Kleinunternehmens oder bei einer Privatperson kann es durchaus sein, dass dieser Kunde sich noch mit jemand anderem berät, bevor er entscheidet.

2.3 Kaufmotive erkennen

Durch gezieltes Fragen bringen wir auch in Erfahrung, welche (Kauf-) Motive bei unserem Gesprächspartner vorliegen. Zum Thema Kaufmotive erfahren Sie in diesem Kapitel später noch mehr.

2.4 Bedarf wecken

Oft können wir durch gezielte Bedarfserhebungsfragen auch einen schlummernd vorhandenen Bedarf wecken. Das ist etwas, was der Kunde brauchen könnte, wovon er selbst aber noch nichts weiß. Wenn der Kunde z.B. beim Kauf eines Computers gar nicht weiß, dass es die Möglichkeit einer Garantiezeitverlängerung gibt, wird er durch die simple Frage „Was halten Sie von einer längeren Garantiezeit?" darauf aufmerksam gemacht.

2.5 Zusatzinformationen

Darüber hinaus bekommen wir noch eine ganze Menge an Zusatzinformationen, die für das weitere Verkaufsgespräch und die Lieferanten-Kunden-Beziehung in Zukunft von großem Nutzen sein können.

3. Fragearten

In der Praxis ist es leider noch sehr oft so, dass wir Verkäufer viel zu viel Gesprächsanteil – sprich Redezeit – im Verkaufsgespräch haben. Das kommt zum einen daher, dass meist die eher extrovertierten und „redseligen" Menschen in den Verkauf gehen. Zum anderen kommt es von der meist gut gemeinten Absicht, den Kunden zu überzeugen und ihm die tollen Vorteile und den Nutzen des Produktes oder der Lösung schmackhaft zu machen. Echten Profis gelingt es, dem Kunden das Gefühl zu geben, dass „er sich etwas gekauft hat". Dabei hat der Verkäufer eher die Rolle eines Katalysators und Begleiters und nicht die Rolle desjenigen, der dem Kunden etwas „aufschwatzt".

Ein kurzes Gedankenexperiment dazu:

Nehmen Sie sich bitte ein paar Sekunden Zeit und erinnern Sie sich an eine Kaufentscheidung aus der Vergangenheit, mit der Sie auch jetzt noch sehr zufrieden sind. Also an eine Situation, in der Sie sich etwas gekauft haben, mit dem Sie heute noch viel Freude haben. Bitte lesen Sie erst weiter, wenn Ihnen diesbezüglich etwas in den Sinn kommt.

Stellen Sie sich jetzt bitte vor, dass Sie von einer Freundin gefragt werden „Wo hast Du das denn her?".

Welche der beiden untenstehenden Antwortformulierungen fällt Ihnen zu der Situation spontan ein?

a) „Das hat mir der und der dort und dort verkauft."

b) „Das habe ich mir von dem und dem dort und dort gekauft."

Bei der überwiegenden Mehrzahl trifft eher die Variante b) zu. Bevor wir zur Auflösung gehen, machen wir noch den zweiten Teil des Gedankenexperiments:

Erinnern Sie sich jetzt bitte an eine Kaufentscheidung, die Sie im Nachhinein sehr bereut haben. Lesen Sie auch hier erst weiter, wenn Sie eine gefunden haben.

Welche der beiden Antwortalternativen (siehe oben) ist jetzt die wahrscheinlichere?

In der überwiegenden Mehrzahl der Fälle tendieren wir dazu, im Fall hoher Zufriedenheit Variante b) zu wählen und bei hoher Unzufriedenheit Variante a). Weshalb ist das so? Wir übernehmen grundsätzlich nicht gerne die Verantwortung für Niederlagen und sind stolz auf unsere Siege. Das ist nichts Schlechtes, sondern eine menschliche Überlebensstrategie.

Was bedeutet das aber für uns Verkäufer? Ganz klar: Wenn wir zufriedene Kunden wollen, die uns weiterempfehlen und wieder bei uns kaufen, sollte unser Bestreben hauptsächlich in Richtung „Variante b)" gehen. Also ist es unsere Aufgabe, dem Kunden zu helfen, die richtige Entscheidung zu finden, und nicht, ihn zu überzeugen oder ihm etwas zu verkaufen. Auch sämtliche Frage-, Präsentations-, Einwand- und Abschlusstechniken klingen idealerweise nur wie eine angenehme Plauderei unter Freunden. Sobald der Kunde merkt, dass wir jetzt irgendwelche Kommunikationstechniken bei ihm anwenden, wird er skeptisch und misstrauisch werden.

Wir Verkäufer sind Profikommunikatoren. Das heißt, wir verdienen unser Geld zum Großteil mit Kommunikation. Viele glauben irrtümlicherweise, sie wären dann bessere Kommunikatoren, wenn sie viel und besser reden als andere. Das mag vielleicht bei Predigern und Nachrichtensprechern der Fall sein. Die sind auch Profikommunikatoren. Bei uns Verkäufern geht es aber – wie bei Psychologen, Coaches oder guten Journalisten – mehr darum, zuzuhören und die richtigen Fragen zu stellen. Idealerweise wenden wir dazu auch die passende Frageform an. Den riesigen Unterschied, den das macht, werden wir noch im Verlauf dieses Kapitels erkennen.

Unsere Kommunikationsinstrumente können wir durchaus mit den Instrumenten in anderen Berufsgruppen vergleichen. Profimusiker haben Musikinstrumente; Maler haben Pinsel, Leinwand und Farbe; Chirurgen haben chirurgische Instrumente. Bei einem einfachen chirurgischen Eingriff benötigt der Operateur nur wenige chirurgische Instrumente, die auch noch leicht zu unterscheiden sind. Bei einer kleinen Platzwunde z.b., die genäht werden muss, benötigt der Operateur nur eine Handvoll Instrumente. Je schwieriger und komplexer so ein chirurgischer Eingriff ist, desto zahlreicher und komplizierter werden auch die Instrumente. Bei einer Bypass-Operation am offenen Herzen sind es gleich zwei bis drei große Tische, die steril abgedeckt und mit Instrumenten vollgeräumt sind. Der Laie kann mit freiem Auge oft nicht einmal den Unterschied zwischen dem einen und dem anderen Instrument erkennen. Der Profi hingegen weiß genau, dass z.b. dieses Messerchen noch eine kleine Biegung um 45° hat, damit er in einer bestimmten Situation an diesem oder jenem Nerv vorbeikommt. Das heißt: Der Profi kennt nicht nur die unterschiedlichen Instrumente, sondern er kann sie auch einsetzen. Auch unter Druck, wenn bei einer Operation z.b. Komplikationen auftreten und dadurch Stress entsteht. Genauso ist es bei uns Verkäufern und unseren kommunikativen Instrumenten.

Zur wichtigsten Instrumentengruppe gehören die **Fragen**. In der Kommunikationswissenschaft können wir über einhundert verschieden Fragetypen unterscheiden. Wir als Spitzenverkäufer benötigen nicht mehr als zehn Fragearten. Diese müssen wir allerdings nicht nur kennen, sondern vor allem auch können. Das heißt, idealerweise können wir jeden Kontext und Sachinhalt in Sekundenbruchteilen in eine der verschiedenen Fragetypen umformulieren – gerade so, wie wir es brauchen. Das heißt, Sie können im Idealfall mitten im Gesprächsfluss damit spielen und improvisieren. Ähnlich einem Klaviervirtuosen, der nur deshalb am Klavier improvisieren kann und seine Zuhörerschaft damit fasziniert, weil er das Instrument und die Tonleiter perfekt beherrscht, sodass er sich darüber während des Spiels keinerlei bewusste Gedanken machen muss. Die Beherrschung der Fragetechniken kommt nicht von heute auf morgen. Es lohnt sich jedoch, sie zu üben.

Die wichtigsten Vorteile des virtuosen Beherrschens und auch des Einsatzes von gezielten Fragetechniken sind folgende:

- Durch Fragen können wir das Gespräch lenken.
- Durch Fragen erfahren wir die Wünsche und Motive unseres Kunden.
- Durch Fragen signalisieren wir Interesse am Gesprächspartner und seiner Welt.
- Durch den souveränen Einsatz der Fragetechniken hat der Kunde einen viel höheren Gesprächsanteil, fühlt sich bei uns wohl und fasst schneller Vertrauen.

Nun zu den fünf Grundfrageformen, die Verkäufer souverän beherrschen sollten:

3.1 Geschlossene Fragen

Von einer geschlossenen Frage sprechen wir, wenn der Befragte mehr oder weniger nur mit Ja oder Nein antworten kann. Zum Beispiel: „Haben Sie den Auftrag schon vergeben?" – Ja oder Nein.

Geschlossene Fragen sind im Großen und Ganzen gut dazu geeignet, Dinge kurz abzuchecken. Sie sind allerdings nicht sehr gesprächsfördernd, weil der Dialog im schlimmsten Fall so aussieht: geschlossene Frage – Ja – geschlossene Frage – Nein – geschlossene Frage – Ja ... Das heißt, dass bei zu vielen geschlossenen Fragen das Gespräch sehr schnell den Charakter eines Verhörs bekommt. Für die Bedarfserhebung sind geschlossene Fragen denkbar schlecht geeignet. Üben müssen wir die geschlossenen Fragen jedenfalls nicht, weil sie die meisten von uns eher zu oft als zu selten anwenden und wir daher alle darin ausreichend Praxis haben.

3.2 Offene Fragen

Bei den offenen Fragen bekommt der Befragte keine Antwort vorgegeben, er muss seine Antwort frei formulieren. Für die Bedarfserhebung sind offene Fragen besonders geeignet, der Gedankenprozess beim Befragten wird stimuliert.

Angenommen, ich frage Sie: „Wie hat Ihnen Ihr letzter Urlaub gefallen?" Da werden sofort – sofern das Gesprächsklima o.k. ist – in Ihrem Kopf Erinnerungen an den letzten Urlaub in Form von Bildern, Tönen, Gefühlen etc. auftauchen. Das heißt mit anderen Worten, der

Fragende (in diesem Beispiel ich) hat Ihre Gedanken mutwillig in Richtung Ihres letzten Urlaubs geschickt, ohne dass Sie davor überhaupt daran gedacht hatten. Das bedeutet, wir verfügen mit guten offenen Fragen über ein sehr mächtiges Kommunikationsinstrument, das von vielen Verkäufern noch immer völlig unterschätzt wird.

Im Deutschen (wie zum Teil auch im Englischen) sind offene Fragen meist W-Fragen. Wer, Wie, Wo, Wann, Was und Warum. Eines dieser Fragewörter ist potenziell riskant. Sie wissen es wahrscheinlich schon. Genau – das „Warum" ist ein gefährliches Fragewort. Die Gefahr liegt darin, dass durch die Frage „Warum" beim Befragten oft eine Art Rechtfertigungsdruck entsteht. Eine derart formulierte Frage hat einen inquisitorischen Beigeschmack und kann bei unserem Gegenüber eine Rechtfertigungshaltung auslösen. Wir empfehlen deshalb, sie im Zweifel einfach wegzulassen. Fragen Sie stattdessen einfach:

- „Was waren Ihre Beweggründe?", oder
- „Was hat Sie zu dieser Entscheidung oder Ansicht gebracht?"

3.3 Alternativfragen

Die dritte Grundfrageform ist die Alternativfrage.

„Möchten Sie die Lieferung heute oder reicht es nächste Woche?"

Diese Frage bietet zwei Alternativen. Alternativfragen sind gut geeignet, um z.b. einen Verkauf abzuschließen. Sie können damit auch einen Gesprächspartner, der ständig von einem Thema zum anderen springt und schwer beim roten Faden zu halten ist, wieder auf den Punkt zurückholen. Verwenden Sie Alternativfragen allerdings in vernünftigen Dosen, also nicht zu häufig. Ansonsten fühlt sich Ihr Kunde in eine Richtung getrieben, speziell, wenn eine Alternativfrage die andere jagt. Punktgenau an der richtigen Stelle eingesetzt, sind Alternativfragen aber auf jeden Fall sehr nützliche Werkzeuge.

3.4 Rückkoppelungsfragen

Die Rückkoppelungsfrage ist eine weitere Frageform. Hier koppeln Sie zu etwas zurück, das Ihr Kunde so gesagt hat oder Sie so verstanden haben bzw. Sie ihm so unterstellen. Zum Beispiel fragen Sie: „Wenn ich Sie richtig verstehe, möchten Sie vor der Inbetriebnahme einen zweiwöchigen Testlauf?" Ein anderes Beispiel: „Sie sagten anfangs, dass Ihrer Erfahrung nach die Multiscannermethode Kosten sparen hilft?"

Diese Frageform ist besonders geeignet für das, was wir das aktive Zuhören nennen und das wir im nächsten Kapitel behandeln werden. Die Rückkoppelungsfrage signalisiert Interesse am Gesprächspartner und ist außerdem auch ein simpler Check, ob Sie Ihren Gesprächspartner richtig verstanden haben. Die Wirkung beim Gesprächspartner geht weit darüber hinaus. Das Unterbewusstsein des Kunden hört plötzlich die eigenen Worte und Formulierungen in Frageform aus dem Mund des Verkäufers und signalisiert an das Bewusstsein: „Wir können diesem Menschen trauen, der spricht unsere Sprache."

3.5 Suggestivfrage

Die fünfte Grundfrageform ist die Suggestivfrage. Der Frager suggeriert eine Antwort als (einzig) richtige. So z.B.: „Finden Sie nicht auch, dass Sie diese Gelegenheit sofort nutzen sollten?" Wenn wir selbst in der Kundenrolle sind, fühlen wir uns bei solchen Fragen oft nicht so wohl. Daher empfehlen wir von VBC, **Suggestivfragen wegzulassen**. Im professionellen Verkauf haben sie unserer Meinung nach nichts verloren.

❗ Praxistipp

Falls Sie es nicht ohnehin schon getan haben, nehmen Sie sich am besten gleich im Anschluss an dieses Kapitel ein paar Minuten Zeit und formulieren Sie sieben bis zehn offene Bedarfserhebungsfragen. Fragen, die Sie in der Praxis für Ihr Produkt oder Ihre Dienstleistung benötigen.

Beachten Sie bei den offenen Fragen auch die Möglichkeit, den Öffnungswinkel zu justieren. Grundsätzlich empfiehlt es sich, am Beginn eines Gespräches mit einem breiten Öffnungswinkel zu beginnen. Fragen wie z.B. „Was kann ich für Sie tun?" haben einen sehr breiten Winkel, und je nachdem, welche Antwort dann folgt, können Sie den Winkel enger machen. Die Formulierung: „Wie haben Sie diese Aufgaben bisher gelöst?" hat schon einen etwas engeren Winkel. Wenn Sie dann fragen: „Wann ist diese Situation zum letzten Mal aufgetaucht?", ist der Winkel schon sehr eng und nur mehr auf die Zeitachse fokussiert. Profis können nicht nur jeden Inhalt sofort in die unterschiedlichsten Frageformen umformulieren, sondern auch bei den offenen Fragen den Winkel bewusst anpassen.

3.6 Fragesyntax oder die richtige Reihenfolge

Entscheidend ist auch die richtige Reihenfolge der Fragen. Als Faustregel können wir uns merken: Zu Beginn erst die großen Bereiche abfragen und dann in der Folge in die Detaillierung gehen – also von „Groß" zu „Klein". Das hilft uns als Verkäufer und auch unseren Kunden, Klarheit zu behalten.

3.7 SPIN-Technik

Der Amerikaner Neil Rackham hat bereits in den 1980ern bei seinen Studien herausgefunden, dass richtige Fragen eine signifikant höhere Erfolgschance im Verkauf bieten als alle anderen Präsentations- oder Abschlusstechniken, seien sie auch noch so ausgeklügelt.

Die vier Buchstaben aus dem Wort „SPIN" sind die Anfangsbuchstaben von unterschiedlichen Fragekategorien, die Rackham aufgrund seiner Forschungen definiert hat. Im Wesentlichen handelt es sich um unterschiedliche Typen von Bedarfsfragen, die in den meisten Fällen als offene Fragen formuliert werden:

- Situationsfragen: reine Fakten und Hintergrundinformationen

- Problemfragen: Problemstellungen des Kunden

- Auswirkungsfragen (auf Englisch *implication questions*): Auswirkungen des Problems auf den Betrieb/Kunden

- Lösungsfragen (auf Englisch *need pay-off questions*): Welche Lösung stellt der Kunde sich vor?

Neil Rackham hat also als erster wissenschaftlich bewiesen, dass es wesentlich mehr Erfolg bringt, wenn man im Verkauf richtig zuhört und die richtigen Fragen stellt. Dazu möchte ich ergänzen, dass in der amerikanischen Verkaufsliteratur und -praxis tendenziell ein direkterer und aggressiverer Stil vertreten wird.

Rackham unterscheidet allerdings ganz bewusst, ob es sich um Einkäufe von geringem materiellen Wert handelt (Verbrauchsgüter des täglichen Bedarfs) oder um Kaufentscheidungen von größerem Ausmaß. So hat er z.b. in einer Praxisstudie beobachtet und nachgewiesen, dass in einer Elektrohandelskette nach einem gezielten Verkaufsabschlusstraining Unterschiedliches zu beobachten war:

Bei Mitnahmeprodukten von geringem Wert (z.b. Batterien) ergab sich nach dem „reinen" Verkaufsabschlusstraining eine Umsatzsteigerung. Bei erklärungsbedürftigen Produkten (Küchengeräte, Fernsehgeräte etc.) ging der Umsatz jedoch zurück. Rackham hat somit bewiesen, dass das Stellen von Fragen und Zuhören dann zu mehr Verkaufserfolg führen, wenn es sich um Kaufentscheidungen handelt, die über ein paar Euro hinausgehen.

Im 8-Stufen-Buch (das Sie gerade lesen) behandeln wir in erster Linie das höherwertige Verkaufssegment, wo professionelles Fragen seit Rackham sozusagen wissenschaftlich erwiesenermaßen zu mehr Erfolg führt.

3.8 Bedarfsfragenkatalog

Professionelle Verkäufer haben einen gut gewarteten persönlichen Katalog an Bedarfsfragen, den sie je nach Gesprächssituation und Kunde unterschiedlich einsetzen können. Achten Sie darauf, dass die Fragen mehrheitlich offen formuliert sind und Sie am Beginn des Gespräches einen breiten Öffnungswinkel haben, den Sie mit zunehmendem Gespräch enger einstellen.

Praxisbeispiele für offene Bedarfsfragen

- Wie läuft Ihr Geschäft? (sehr breiter Winkel)
- Welche Märkte sind Ihnen wichtig? (breiter Winkel)
- Wer ist Ihr derzeitiger Hauptlieferant? (engerer Winkel)
- Welche Strategie verfolgen Sie in diesem Marktsegment? (mittlerer Winkel)
- Unter welchen Voraussetzungen würden Sie den Lieferanten wechseln/einen neuen Lieferanten dazu nehmen? (mittlerer Winkel)

- Wie wurden solche Situationen bisher gelöst? (engerer Winkel)
- Was erwarten Sie sich von einem Top-Lieferanten? (mittlerer Winkel)
- Worauf legen Sie in dem Zusammenhang ganz besonderen Wert? (engerer Winkel)

Das sind nur einige, allgemein gehaltene Frageformulierungen. Nehmen Sie sich Zeit, um gute Frageformulierungen für Ihr eigenes Geschäft zu finden. Vor jedem Verkaufsgespräch schreiben Sie sich dann jene heraus, die Sie verwenden wollen. Wenn Sie mit dem Formulieren der Fragen schon sehr sicher sind, reicht es völlig aus, nur noch Stichworte auf den Zettel zu schreiben. Allerdings gehen Sie bitte nie ohne schriftliche Vorbereitung zum Kunden (siehe auch Kapitel 2)!

3.9 Vermeintlich offene Fragen

Was wir beim Training oder in der Praxis sehr oft sehen oder vielmehr hören, sind gute Bedarfserhebungsfragen, die „geschlossen" formuliert sind, von denen die Verkäufer/Teilnehmer aber glauben, es seien offene Fragen. Das ist deshalb so gefährlich, weil in vielen Fällen Kunden auch auf geschlossene Fragen ausgiebig antworten. Und zwar immer dann, wenn sie von sich aus Interesse am Gespräch haben und sich auch in der Situation wohlfühlen. Bei solchen Gesprächen macht es in der Tat nicht sehr viel aus, wenn die Frage geschlossen formuliert ist. Schlimm daran ist nur, dass wir Verkäufer uns diese Fragen angewöhnen und dem Irrtum anheimfallen, wir hätten gute offene Bedarfserhebungsfragen gestellt.

Jetzt werden Sie fragen: „Wenn der Kunde ohnehin bereitwillig Auskunft gibt, wo liegt dann das Problem?"

Das Problem liegt bei jenen Kunden, die nicht so gesprächig sind – wir nennen diese auch „Schweiger". Schweiger antworten auf die geschlossenen Fragen nur mit Ja oder Nein – auch auf jene, bei denen der Verkäufer nicht merkt, dass es geschlossene Fragen sind. Der Verkäufer denkt sich dann: „Was ist das für ein mühsamer Typ, dem muss ich die Würmer aus der Nase ziehen, der ist ja extrem einsilbig!"

Praxisbeispiele

Variante 1 (Kunde fühlt sich wohl und gibt bereitwillig Auskunft):

Verkäufer: „Sind Sie mit der jetzigen Lösung zufrieden?"

Kunde: „Im Großen und Ganzen läuft eigentlich alles recht rund, und soviel ich weiß, haben wir die Kosten auch im Griff."

Verkäufer: „Gab es in der Vergangenheit schon einmal Probleme mit der Endfertigung?"

Kunde: „Ja, jetzt wo Sie mich fragen. Wir hatten vor drei Wochen eine Situation, wo einer unserer Kunden eine komplette Lieferung reklamierte. Das war sehr unangenehm, aber ich denke, unsere Techniker haben das dann bereinigt."

Verkäufer: „Produzieren Sie in Ihrem Werk in China auch mit diesem Verfahren?"

Kunde: „Nicht nur in China. Auch in unserer brasilianischen Tochterfirma verwenden wir genau dieselbe Methode."

Variante 2 (Kunde ist weniger redselig):

Verkäufer: „Sind Sie mit der jetzigen Lösung zufrieden?"

Kunde: „Ja."

Verkäufer: „Gab es in der Vergangenheit schon einmal Probleme mit der Endfertigung?"

Kunde: „Nein."

Verkäufer: „Produzieren Sie in Ihrem Werk in China auch mit diesem Verfahren?"

Kunde: „Ja."

Im zweiten Fall wird der Verkäufer höchstwahrscheinlich frustriert sein und glauben, dass der Kunde ihn nicht mag oder besonders mühsam ist. In Wirklichkeit hätte er nur offene Fragen formulieren sollen.

Als kleine Gehirnjogging-Übung können Sie, bevor Sie weiterlesen, die vorigen drei Verkäuferfragen gleich in offene Fragen umformulieren.

Beispielhafte offene Formulierungen der vorigen Fragen sind (es gibt meist mehrere offene Varianten):

Geschlossen: „Sind Sie mit der jetzigen Lösung zufrieden?"

Offen:

- „Wie zufrieden sind Sie mit der jetzigen Lösung?"
- „Wie funktioniert die jetzige Lösung aus Ihrer Sicht?"
- „Welche Erfahrung haben Sie mit der jetzigen Lösung gemacht?"
- „Wie stehen Sie persönlich zur jetzigen Lösung?"

Geschlossen: „Gab es in der Vergangenheit schon einmal Probleme mit der Endfertigung?"

Offen:

- „Welche Probleme gab es in der Vergangenheit mit der Endfertigung?"
- „Wann hat es schon einmal Probleme mit der Endfertigung gegeben?"
- „Welche Erfahrungen haben Sie in der Vergangenheit mit der Endfertigung gemacht?"

Geschlossen: „Produzieren Sie in Ihrem Werk in China auch mit diesem Verfahren?"

Offen:

- „Nach welchem Verfahren produzieren Sie in Ihren anderen Werken?"
- „Wie produzieren Sie in China?"
- „Wo produzieren Sie noch nach diesem Verfahren?"

Sie sehen: In offenen Formulierungen gibt es immer mehrere Möglichkeiten, nicht nur, wie weit Sie den Öffnungswinkel der Frage halten, sondern auch, wohin der Winkel zeigt. Stellen Sie sich den Scheinwerfer einer Theaterbühne vor. Einen von diesen starken und kräftigen Spots, bei denen Sie den Lichtkegel – also den Winkel – beliebig einstellen können. Angenommen, die Zuschauer sitzen im Theater und in wenigen Augenblicken beginnt die Vorstellung auf der Bühne. Das Licht im Zuschauerraum geht aus, und es ist für einige Sekunden ganz dunkel. Dann wird der Scheinwerfer eingestellt und hat einen breiten Öffnungswinkel, sodass Sie einen Blick auf die ganze Bühne erhaschen. In einer Ecke der Bühne spielt sich etwas Interessantes ab, und der Scheinwerfer wird dorthin „fokussiert" – der Lichtkegel also verengt. Genauso können Sie in der Bedarfserhebung verfahren, indem Sie zu Beginn des Gespräches einen weiten Öffnungswinkel bei Ihren Fragen verwenden (z.b.: „Welches Produktsortiment führen Sie?"), um dann bei interessanten Aspekten in eine bestimmte Richtung zu fokussieren (z.b.: „Welche Erfahrung haben Sie mit dem neuesten Modell in knallgelb?").

Das Schöne an kommunikativen Instrumenten im Allgemeinen und den Fragetechniken im Besonderen ist, dass man sie fast in jeder Alltagssituation üben kann. Wir müssen also nicht auf das nächste Kundengespräch warten, um die verschiedenen Öffnungswinkel von offenen Fragen oder die Umformulierung von offenen Fragen in Alternativfragen und Rückkoppelungsfragen zu üben. Wir können das jederzeit auch mit Freunden, in der Familie, mit Arbeitskollegen und auch mit Fremden tun. Nutzen Sie diese Möglichkeiten und Sie werden schon bald erleben, dass Sie immer virtuoser damit umgehen. Ihre Gespräche werden an Kraft gewinnen und Sie werden dadurch insgesamt noch erfolgreicher.

Wer sich mit diesen Grundfragen beschäftigt und sie auch tatsächlich beherrscht, wird schon recht weit kommen. Achten Sie jedoch darauf: Wissen ist nicht Können!

Wer allerdings exzellent werden will, sollte seinen Kommunikationsbleistift spitzen. Wie, das zeigen wir Ihnen im Folgenden.

4. Weitere Fragearten für Profis

4.1 Hypothetische Fragen

Beispiel

„Lieber Kunde, mit all den bekannten Vorteilen (wenn ein Kunde z.b. in bestehenden Verträgen gefangen ist), angenommen, Sie könnten schon morgen aus Ihren Verträgen aussteigen – welche Anforderungen hätten Sie an Ihren neuen Anbieter?" oder: „Angenommen, ich könnte Ihnen die 3% Rabatt gewähren – machen wir dann das Projekt gemeinsam?"

Wie wichtig die Kompetenz ist, hypothetische Fragen zu stellen, zeigt auch folgendes Beispiel: Franzi fragt Susi in der Schule: „Susi, angenommen, ich würde dich fragen, ob du mit mir gehen möchtest, wie würdest du darauf antworten?" Wenn Susi „Ja!" sagt, wunderbar – dann darf geschmust werden! Wenn Susi „Nein!" sagt, dann kann Franzi sagen: „Ja, das habe ich mir eh gedacht. Darum würde ich dich auch nie fragen!"

4.2 Skalierungsfragen

Diese eignen sich exzellent für eine Zufriedenheitsabfrage.

Beispiel

„Lieber Kunde, auf einer Skala von 0 bis 10, wie gefällt Ihnen diese Lösung/dieses Produkt ...?"

Antwortet der Kunde beispielsweise mit 7 oder 8, kommt unsere Zusatzfrage: „Was müsste ich Ihnen präsentieren, damit Sie 10 sagen?" Sie merken schon: Hier erfahren wir von unserem Kunden die kaufentscheidenden Argumente.

4.3 Ökologiefragen

Wir von VBC fragen in einem Gespräch mit Personalverantwortlichen meist auch folgende Ökologiefrage (Umfeldabklärung): „Lieber Personalverantwortlicher, bezogen auf das Personalentwicklungskonzept, das wir gerade besprochen haben, was würde denn dazu Ihr Verkaufsleiter sagen?"

Die Antwort des Kunden verstärkt möglicherweise die Argumente für die Ausbildung im Unternehmen oder zeigt uns, dass wir im nächsten Schritt in einem persönlichen Gespräch mit dem Verkaufsleiter dessen Bedürfnisse erfahren und unsere Ausbildung darauf abstimmen müssen.

4.4 Die Konkretisierungsfrage

Oft bekommen wir von Kunden auf offene Frage eine sogenannte „Imageantwort". Also eine Antwort, die man landläufig gerne hört. Um im Verkaufsgespräch erfolgreich zu sein, helfen uns solche Imageantworten gar nicht. Klassische Verkäufer geben sich oft damit zufrieden und setzen das Verkaufsgespräch fort. Exzellente Verkäufer machen es anders. Sie nehmen die Antwort an und stellen eine Konkretisierungsfrage.

Hier gleich ein Praxisbeispiel

Verkäufer: „Welche Vertriebsziele haben Sie denn?"

Kunde: „Wir wollen die Nummer 1 auf dem Markt werden!" (Imageantwort)

Verkäufer: „Verstehe, Sie wollen die Nummer 1 auf dem Markt werden!" (aktives Zuhören, dazu kommen wir noch später)

Kunde: „Ja!"

Verkäufer: „Was heißt das genau?" (Konkretisierungsfrage)

Kunde: „Wir wollen 30% Marktanteil, müssen dazu aufstocken und auch unsere Produktionsleistung erhöhen!"

Jetzt erfahren Sie die wahren Motive und können Ihre Dienstleistung / Ihr Produkt an die Bedürfnisse des Kunden anpassen. Nachdem wir Produkte als Verkäufer oft nicht verändern können, reicht es in den allermeisten Fällen schon, die Art und Weise, wie wir unsere Produkte erklären, an das soeben erfahrene Kundenmotiv anzugleichen.

4.5 Die Zauberfrage

Auch Future Pace genannt. Am Ende der Bedarfserhebung empfehlen wir, die sogenannte Zauberfrage zu stellen. Dabei geht es uns darum, die Gedanken des Kunden auf die Reise in die Zukunft zu senden.

Praxisbeispiel

„Lieber Kunde, heute in XX Jahren – woran erkennen Sie, dass das, worüber wir jetzt sprechen, eine gute Entscheidung war?"

Und jetzt bitte unbedingt Mut zur Pause! Welch phänomenale Wirkung Sprechpausen haben, diskutieren wir in diesem Buch noch in Kapitel 7.

Als Antwort auf diese Zauberfrage erhalten wir jetzt die tragenden Argumente für unser Produkt / unsere Dienstleistung aus dem Kopf unseres Kunden. Wie schon in einem vorangegangenen Kapitel geschrieben, verkaufen wir nicht, sondern unsere Kunden kaufen!

5. Aktives Zuhören

Aktives Zuhören ist eine Technik aus der Psychotherapie. Dieses Tool wurde von der Mailänder Universitätsklinik für Familien- und Kindertherapie in den 1980ern erstmals wissenschaftlich beschrieben. Entwickelt wurde das aktive Zuhören, um mit Menschen (Patienten) in Kontakt zu treten, die – aus welchem Grund auch immer – sehr verschlossen sind und andere Menschen nicht leicht an sich heranlassen. Auch für uns Verkäufer, die wir normalerweise mit psychisch gesunden Menschen zu tun haben, hat sich diese Methode gut bewährt. Damit können wir bewusst das herbeiführen, was wir landläufig meinen, wenn wir sagen: „Zwischen uns hat die Chemie gestimmt". Die Methode bewirkt also, dass wildfremde Menschen sehr schnell Vertrauen schöpfen. Ich selbst bin auch heute noch immer wieder überrascht, wie schnell – oft nach 15 bis 20 Minuten – wildfremde Menschen einem ihr Herz ausschütten.

Woraus besteht diese Methode? Sie besteht aus zwei grundsätzlichen Aspekten: zum einen aus der richtigen Einstellung und inneren Haltung und zum anderen aus den methodischen und technischen Gesichtspunkten.

5.1 Richtige Einstellung und innere Haltung

Das Instrument funktioniert dann ideal, wenn wir uns für unseren Gesprächspartner wirklich Zeit nehmen und den Menschen, den wir vor uns haben, als gleichwertigen Partner mit all seinen Vor- und Nachteilen akzeptieren und respektieren. Das Instrument funktioniert nur sehr eingeschränkt, wenn wir dem anderen mit Misstrauen und Vorbehalten begegnen oder sonst irgendwie reserviert gegenübertreten (siehe dazu auch Kapitel 1). Des Weiteren ist es wichtig, dass wir uns für das Gespräch Zeit nehmen und körpersprachlich unserem Gesprächspartner signalisieren: „Ich bin jetzt nur für Dich da, ich habe ausreichend Zeit; was Du sagst und willst, ist mir wichtig."

Somit geben wir unseren Kunden Anerkennung. Wir konzentrieren uns mit allen Sinnen auf ihn. Er ist jetzt – für die Dauer des Gesprächs – der wichtigste Mensch in unserem Leben. Unsere Kunden spüren das, gerade in unserer schnell getakteten Zeit mit so vielen Ablenkungsmöglichkeiten. Stellen Sie sich vor, Sie sprechen mit einem Menschen, und während er Ihnen etwas sagt, bemerkt er schon andere im Raum, begrüßt sie oder geht mit ihnen in Dialog und unterbricht das Gespräch. Wie würden Sie sich dabei fühlen? Eben! Genau das wollen wir unserem Kunden ersparen.

5.2 Körpersprachliches Spiegeln des Gesprächspartners

Unter Spiegeln – von Psychologen auch „Rapport" genannt – verstehen wir die Abstimmung unserer Körpersprache auf die unseres Gesprächspartners. Damit ist nicht sklavisches Nachäffen gemeint, sondern dass wir uns in Sitzposition, in Gestik, aber auch in der Geschwindigkeit der Gestik auf den Gesprächspartner einstimmen und mit ihm in Entsprechung gehen. Dazu noch etwas mehr am Ende dieses Kapitels, wenn es um die Spiegelneuronen geht.

Die funktionalen und eher technischen Aspekte bestehen aus folgenden Bestandteilen:

- guter Augenkontakt

- Kopfnicken (körpersprachliche Bestätigung signalisieren)

- Bestätigungsmurmeln („Mhm")

- „Ja"-Bestätigung

- Lächeln (wenn angebracht)

- eventuell Notizen machen (in Verkaufsgesprächen fast immer angebracht)

- Kundenaussagen sinngemäß in seinen Worten wiederholen (paraphrasieren)

- Rückkoppelungsfragen stellen (siehe Frageteil)

Wenn man diese Einzelteile so liest, klingt das relativ simpel. Aber es bedarf doch einiger Übung, damit es rund läuft. Am meisten Schwierigkeiten bereitet in der Praxis das wortwörtliche Wiederholen der Kundenaussage (Worte-Wiederholen). Als Einwand wird von Verkäufern oft ins Treffen geführt, dass wir ja keine Papageien seien und sie sich schwertäten, die Aussagen eines anderen nachzuplappern.

Aber Achtung: Ohne Worte-Wiederholen ist das aktive Zuhören kein aktives Zuhören. Das Instrument funktioniert wie ein Kochrezept. Bei einem Kochrezept können wir auch nicht einfach das Fleisch und die Zwiebeln weglassen und behaupten, es wäre noch dasselbe Gericht. Es ist dann etwas ganz anderes. So auch beim aktiven Zuhören.

Viele Verkäufer verwenden daher die Technik des Paraphrasierens. Paraphrasieren ist das sinninhaltliche Wiederholen des Gesagten, allerdings mit eigenen Worten. Beim Paraphrasieren senden wir meistens aber auch unsere eigene Interpretation mit. Und Interpretationen können im Verkaufsgespräch an manchen Stellen schädlich sein. Wenn wir wortwörtlich wiederholen, sind wir auf jeden Fall auf der sicheren Seite. Denn Worte sind Etiketten für unterschiedliche Bedeutungen dahinter. Ein Beispiel: Wenn wir im Training unsere Teilnehmer fragen, wie denn ihr Wunsch-Esstisch im Wohnzimmer idealerweise aussieht, bekommen wir oft zehn völlig unterschiedliche Esstische als Antwort. Wenn wir also ebenso wie der Kunde das Wort „Esstisch" verwenden, sind wir auf jeden Fall auf der sicheren Seite, weil wir den Kunden abholen. Wenn wir hingegen interpretieren, können wir ganz schön danebenliegen.

Ein Beispiel für Interpretation, die danebengehen kann:

Kunde: „Ich möchte ein PS-starkes Auto, weil ich damit auch beim Überholen aktive Sicherheit bekomme."

Verkäufer: „Ich verstehe, Sie wollen ein PS-starkes Auto, und das muss schnell sein, Sie sitzen ja viel drin und sind dann meist der Erste am Ziel."

Daher empfehlen wir vor allem in kritischen Gesprächssituationen, wenn es z.b. um Reklamationen oder um Preisverhandlungen geht, möglichst wortwörtlich zu wiederholen, denn damit sind wir immer auf der sicheren Seite.

Durchaus sinnvoll kann es aber sein, Kundenaussagen zu kürzen.

Auch hierzu ein Beispiel

Kunde: „Wir haben in der letzten Aufsichtsratssitzung beschlossen, in diesem Jahr einen eigenen Budgetposten für Kundenzufriedenheit zu installieren."

Verkäufer: „Ich verstehe, Sie haben im Aufsichtsrat einen Budgetposten für Kundenzufriedenheit beschlossen."

Achtung: Wenn der Verkäufer einzelne Worte umformuliert (z.b. Geschäftsleitung statt Aufsichtsrat), wird es schon schwieriger. Unter anderem geht es bei der Methode darum, dass das Unterbewusstsein unseres Gesprächspartners dieselben Worte aus unserem Mund hört. Stark simplifiziert kann man sagen, dass das Unterbewusstsein unseres Kunden an das Bewusstsein im Erfolgsfall folgende Meldung macht: „Aha, der spricht unsere Sprache. Das muss ein Freund sein. Dem können wir vertrauen."

Auch am aktiven Zuhören ist das Schöne, dass Sie es in fast jedem Alltagskontext üben können, mit der Familie, Ihren Kindern, den Arbeitskollegen, mit Freunden und Bekannten. Versuchen Sie, in der ersten Zeit möglichst viel mit Wortwiederholen zu arbeiten, und übertreiben Sie es bewusst. Sie werden erstaunt sein, dass Sie durchwegs positives Feedback bekommen, nach dem Motto: „Danke, das war ein interessantes Gespräch." oder „Es war sehr schön, wieder einmal mit Dir auf diesem Niveau zu plaudern." oder „Vielen Dank. Bei Dir fühle ich mich am wohlsten, und mit Dir kann man auch über persönliche Dinge reden."

6. Kaufmotive

In der Motivforschung analysieren Wissenschaftler die bewussten und unbewussten Beweggründe von Entscheidungen und Handlungen. Sie analysieren Menschen in ihrem Fühlen, Denken, Entscheiden und Wollen. Profiverkäufer sind in gewisser Hinsicht auch Motivforscher. Wenn wir also in der Bedarfserhebung verschiedene Fragen stellen, suchen wir nicht nur nach den Wünschen und Bedürfnissen, wie vorher beschrieben, sondern auch nach den Motiven unserer potenziellen Kunden. Das heißt, einfach gesagt: Menschen kaufen ein Produkt oder ein Service nicht nur, weil es logisch und nützlich ist.

Nehmen wir an, wir Menschen würden ausschließlich nach rein rationalen Beweggründen entscheiden, sozusagen nach einem inneren Excel-Sheet mit verschiedenen Kriterien, und nach einem Punktesystem bewerten. Dann gäbe es bei weitem nicht diese Vielfalt an Waren und Lösungen; die Produktpalette würde jener der ehemaligen kommunistischen Länder entsprechen. Es gäbe nicht zigtausend verschiedene Automodelle, sondern vielleicht vier oder fünf jeweils rational optimale. Eines für eine Familie mit zwei Kindern; ein anderes vielleicht für Einzelpersonen oder für DINKs (*double income no kids* – Paare ohne Kinder); ein drittes für jemanden, der Arbeitsutensilien und Material damit transportieren muss; und vielleicht ein viertes für schwieriges Gelände. Dasselbe gilt natürlich auch für alle anderen Produkte und Lösungen, seien es Elektrohaushaltsgeräte, Ferienreisen, Computer oder Bekleidung.

Wir Menschen entscheiden also nicht nach logischen Kriterien. Im Gegenteil, Kaufentscheidungen werden zum überwiegenden Teil – Psychologen, Experten und Motivforscher kommen auf Ergebnisse zwischen 80% und 95% – emotional getroffen und nur zu einem verschwindend kleinen Prozentsatz rational. Bei Modeartikeln, Schmuck und Urlaubsreisen sieht man das ja noch eher ein. Allerdings haben Untersuchungen bei technischen und mit wenigen Gefühlen behafteten Produkten wie Baumaschinen oder Traktoren ergeben, dass auch hier die Emotionen bei Kaufentscheidungen eine wesentlich größere Rolle spielen als die rationalen Produkt-Eigenschaften. Damit tun sich vor allem technisch ausgebildete oder versierte Verkäufer oft schwer. Ein schönes Beispiel sind auch sogenannte Mainframe-Computer, also Großrechner. Untersuchungen haben gezeigt, dass die anthrazitgrauen lieber gekauft werden als die beigefarbenen. Und das, obwohl solche Geräte in hermetisch abgeriegelten, klimatisierten und erdbebensicheren Tresoren ihre Arbeit tun, wo sie fast niemand zu Gesicht bekommt!

In der quantitativen Motivforschung werden Häufigkeit und Verteilung unterschiedlicher Profile in der Bevölkerung evaluiert und erforscht. Das geht für das Verkaufsgespräch natürlich ein bisschen zu weit. Was für uns Verkäufer in der Praxis interessant ist, sind mögliche Kaufmotive einer Person, mit der wir uns in einem direkten Gespräch befinden. Je nachdem, wie grob oder fein man die Unterscheidung macht, kann man entweder zwei bis drei Grund- und Überlebensbedürfnisse unterscheiden – oder detailliert heruntergebrochen bis zu 100 verschiedene Kauf- und Entscheidungsmotive beschreiben. Wir bei VBC haben uns auf sieben Kaufmotive eingependelt. Damit kommen wir in 99% der Praxisfälle gut zurecht und behalten noch den Überblick. Außerdem gilt im Verkauf: Einfachheit siegt!

6.1 Kaufmotiv 1: Gesundheit

Wir Menschen kaufen manche Produkte, um unsere Gesundheit zu erhalten, wiederherzustellen oder zu schützen. Plakative Beispiele sind medizinisch-pharmazeutische Produkte, biologisch-dynamisch gewachsenes Obst und Gemüse, Schlankheitskuren, Wellness-Urlaube, Fitnessclub-Mitgliedschaften etc.

6.2 Kaufmotiv 2: Sicherheit und Schutz

Beim Kaufmotiv Sicherheit und Schutz geht es um das Bedürfnis, sich selbst, seine Liebsten oder sein Unternehmen und die Mitarbeiter vor etwaigen Gefahren, Risiken oder Verlusten etc. zu schützen. Plakative Beispiele dafür sind Sicherheitsschlösser, Alarmanlagen, Airbags, Versicherungen etc.

6.3 Kaufmotiv 3: Gewinnstreben

Einzelpersonen, aber auch Organisationen und Unternehmen, streben nach Maximierung ihres Gewinnes. Plakative Beispiele dafür sind moderne Softwareprodukte zur Erhöhung der Arbeitseffizienz, Kapitalinvestitionen für erhöhten Produktionsausstoß, Investmentfonds mit hoher Gewinnerwartung etc.

6.4 Kaufmotiv 4: Angst vor Verlusten

Menschen mit der Angst vor Verlusten geht es zwar möglicherweise auch um monetäre Aspekte, also um Geld. Aber nicht so sehr um die Gewinnmaximierung, sondern um die Absicherung eines bestehenden Ertrages. Ein plakatives Beispiel dafür ist die Betriebsunterbrechungsversicherung.

6.5 Kaufmotiv 5: Bequemlichkeit und Erleichterung

Schon seit einigen Jahren gibt es eine ständig wachsende Anzahl von sogenannten „Convenience-Produkten". Das sind Produkte, die uns das Leben leichter machen sollen und unserem Hang zur Bequemlichkeit entgegenkommen. Plakative Beispiele dafür sind Fertiggerichte,

Hauszustellungen, Just-in-time Lieferungen, Outsourcing von komplexen Arbeitsabläufen etc.

6.6 Kaufmotiv 6: Eigentumsstolz

Manchmal kaufen wir auch Dinge, die wir im Leben einfach besitzen wollen, weil uns das „Haben" alleine schon stolz macht und wir damit ein gewisses Prestige verbinden. Plakative Beispiele für solche Statussymbole sind Luxusautos, die handgemachte Schweizer Uhr, Kunst, Antiquitäten etc.

6.7 Kaufmotiv 7: Emotionale Befriedigung

Manchmal kaufen – oder konsumieren – wir Produkte, weil sie uns ein Gefühl der Freude, der Befriedigung oder Belohnung vermitteln. Beispiele dafür können sein: Kino, Theater, Konzertbesuche, ein Essen in einem Gourmet-Restaurant etc.

Für uns Verkäufer ist es nun besonders wichtig, in der Bedarfserhebung herauszuhören, welches Motiv für unseren Kunden am ehesten in Frage kommt. Das ist deshalb so wichtig, weil ein und dasselbe Produkt mehrere verschiedene Kaufmotive ansprechen kann. Das heißt, dass wir diese Information dann in der Präsentationsphase verwenden, um „motivorientiert" zu präsentieren. Mehr dazu erfahren Sie im Kapitel 5 „Präsentation", und zwar unter dem Punkt „MNC Methode".

Praxisbeispiel

Sie gewinnen in der Bedarfserhebung z.B. den Eindruck, dass das Kaufmotiv Ihres Kunden „Bequemlichkeit und Erleichterung" ist, weil er beispielsweise nebenbei erwähnt, dass er gerne Autos mit Automatikgetriebe fährt und seinen bequemen Fernsehsessel mit elektrisch verstellbarer Rückenlehne liebt. Dann ist es wahrscheinlich unangebracht, gleich an sein Gewinnstreben zu appellieren. In diesem Fall haben Sie höhere Erfolgschancen, wenn Sie Ihr Angebot unter dem Licht der Bequemlichkeit und Erleichterung präsentieren. Welche Arbeitsläufe er sich z.B. erspart und um wie viel einfacher sein Leben wird, wenn er bei Ihnen kauft …

! Praxistipp

Denken Sie in einer ruhigen Minute an Ihre wichtigsten Produkte und/oder Dienstleistungen und überlegen Sie sich idealerweise ein Argument für jedes einzelne der sieben Kaufmotive. Es ist verständlich, dass man nicht immer für alle Produkte/Dienstleistungen ein Argument zu jedem Kaufmotiv findet. Aber mit ein bisschen Zeit und Kreativität lässt sich doch einiges machen. Schreiben Sie diese Argumente dann auf, und formulieren Sie daraus auch motivorientierte Nutzenargumente. Das wiederum am besten als MNC-Schleife (mehr dazu im Kapitel 5 „Präsentation" unter dem Punkt „MNC-Methode").

7. Kunden qualifizieren

Ein immer wieder unterschätzter Aspekt der Bedarfserhebung ist die Qualifikation von potenziellen Kunden. Das heißt: Nicht jeder, bei dem wir einen Termin bekommen und mit dem wir ein Bedarfserhebungsgespräch führen, ist auch wirklich ein möglicher Kunde für uns. Daher klären wir in der Bedarfserhebung auch ab, ob das, was wir zu bieten haben, und was wir dafür an Geld wollen, für unseren Kunden überhaupt brauchbar, machbar und finanzierbar ist. Bei Firmen und institutionellen Kunden ist in dem Zusammenhang auch wichtig, abzuklopfen, ob wir tatsächlich mit der richtigen Person zusammensitzen.

Achtung: Das heißt nicht, dass wir nur mit den Entscheidungsträgern zusammensitzen und alle anderen links liegen lassen sollen. Aber es ist gut zu wissen, welche Möglichkeiten der Entscheidung und/oder Einflussnahme unser Gesprächspartner in seiner Organisation hat. Im schlimmsten Fall kommen wir drauf, dass unser Produkt oder unsere Dienstleistung entweder derzeit oder überhaupt nicht für diesen Kunden infrage kommt. Dann brechen wir zwar nicht sofort das Gespräch ab, aber wir versuchen doch, zu einem baldigen freundlichen Ende zu kommen und überlegen gegebenenfalls noch, ob dieser Kunde uns vielleicht eine Empfehlung geben kann. Je nachdem, welches Kunden-Priorisierungs-Instrumentarium wir verwenden, werden wir diesen Kunden dann als C- oder D-Kunden qualifizieren und möglicherweise in etwas größeren Zeitabständen telefonisch mit ihm in Kontakt bleiben. Diese Aufgabe kann unter Umständen auch an Verkaufsinnendienstkollegen delegiert werden. Das „lose in Kontakt bleiben" hat den Sinn, rechtzeitig zu erkennen, wenn sich die grundlegenden Voraussetzungen beim Kunden ändern.

! Praxistipp

Eine der besten Qualifizierungsvarianten ist eine Frage in etwa folgender Formulierung: „Lieber Kunde, nur einmal angenommen, ich könnte das Produkt oder die Dienstleistung XY in der genau von Ihnen gewünschten Variante (plus eventuell einen Vorteil gegenüber Ihrer jetzigen Lösung) liefern. Würden Sie unter diesen Umständen bei mir kaufen?"

Diese Formulierung wirkt wahre Wunder. Wir bekommen nämlich jetzt noch einmal die wichtigsten Kriterien für unsere anschließende Produktpräsentation. Oder aber unser Kunde nennt jetzt die Gründe, warum er nicht bei uns kaufen will oder kann. Wenn das Gründe sind, die wir nicht aus dem Weg schaffen können, hat sich dieser Kunde nicht qualifiziert und wir tun besser daran, unsere Zeit in andere potenzielle Kunden zu investieren.

8. Das Geheimnis der Spiegelneuronen

Prof. Joachim Bauer, berühmter Internist, Psychiater und Psychotherapeut aus Freiburg, beschreibt in seinem Buch „Warum ich fühle, was du fühlst" das Geheimnis der sogenannten Spiegelneuronen. Der neueste Stand der Wissenschaft wird in diesem Buch erstmals populärwissenschaftlich erklärt. Den Neurologen und Gehirnforschern ist nunmehr wissenschaftlich die Erklärung dessen gelungen, was in verschiedenen Schulen der Psychologie schon seit Jahren beobachtet und teilweise gelehrt wird: das Phänomen des „Spiegelns" oder des sogenannten „Rapports".

Für uns im Verkauf sind diese Erkenntnisse und deren Anwendung von immenser Bedeutung. Worum geht es bei der Thematik also? Bauer erklärt im erwähnten Buch, dass wir in unserem Gehirn spezielle Nervenzellen – die Spiegelneuronen – haben, die in einem komplexen Wechselspiel mit verschiedenen Gehirnarealen ganz erstaunliche Dinge bewirken. Sehr vereinfacht könnte man sagen, dass Spiegelneuronen dafür sorgen, dass wir Menschen beim Beobachten einer anderen Person, die eine bestimmte Handlung ausführt, gedanklich dieselbe Handlung nachvollziehen und nachempfinden. Das Ganze läuft – verglichen mit Computersystemen – in einer unglaublichen Geschwindigkeit unbewusst und unwillentlich ab. Das klingt sehr abstrakt, daher ein paar simple Beispiele, die wir alle aus dem Alltag kennen:

Praxisbeispiele

Wenn mehrere Menschen in einem Raum sind und einer beginnt zu gähnen, greift das Gähnen plötzlich wie in eine Epidemie um sich. Ohne, dass wir es wollen, gähnen wir mit.

Wenn Sie beobachten, wie Eltern ihre Kinder füttern, sehen Sie, dass die Eltern selbst demonstrativ den Mund öffnen, wenn sie den Löffel zum Mund Ihrer Kinder führen. Die Kinder ahmen dies nach und bekommen damit den Löffel in den Mund.

Ein frisch verliebtes Paar sitzt im Kaffeehaus und beide greifen fast zeitgleich zur Kaffeetasse, sitzen in ähnlicher Haltung und Sitzposition und merken gar nicht, dass sie sich wie „Spiegelbilder" verhalten.

In dem Zusammenhang ist auch ein wissenschaftliches Experiment aus Schweden interessant, das Bauer in seinem Buch anführt. Dieses Experiment wurde von Prof. Ulf Dimberg von der Universität in Uppsala bereits vor der Entdeckung der Spiegelneuronen durchgeführt. Dimberg wollte Imitations- und Resonanzphänomene wissenschaftlich untersuchen. Zu diesem Zweck wurden Testpersonen auf einem Bildschirm menschliche Gesichter gezeigt. Die Probanden wurden gebeten, möglichst neutral zu bleiben und keine Miene zu verziehen. Jedes Bild wurde nur eine halbe Sekunde lang auf dem Bildschirm gezeigt, und nach einer kurzen Pause bereits das nächste. Bei den Testpersonen wurden die Aktivitäten der Gesichtsmuskeln mit elektronischen Sensoren genau gemessen.

Das Ergebnis war, dass die Testpersonen nur so lange neutral blieben und keine Regung ihrer Gesichtsmuskeln messbar war, als ihnen Fotos von Menschen mit neutralem Gesichtsausdruck gezeigt wurden. Sahen sie aber (nur eine halbe Sekunde lang!) ein lächelndes Gesicht, stellte das Messgerät unzweifelhaft eine Reaktion der Lachmuskeln (Zygomaticus major) der Testpersonen fest. Wurde hingegen eine halbe Sekunde lang ein Bild eines ärgerlichen Gesichtes gezeigt, so regte sich bei den Probanden der entsprechende Gesichtsmuskel. Damit ist wissenschaftlich untermauert, dass wir solche Spiegelphänomene ausführen, selbst wenn wir es nicht wollen – sie sind also unserer willentlichen Kontrolle entzogen.

Noch viel interessanter ist ein weiterer Teil des Experiments, bei dem die entsprechenden Fotos – freundliches oder ärgerliches Gesicht – nur noch so kurz (ca. 40 Millisekunden) eingeblendet wurden, dass ein Mensch das Bild nicht mehr (bewusst) sehen kann. Das Gehirn registriert dennoch unbewusst die Information. Im Fachjargon nennt man das „subliminale Stimulation". Diese ist übrigens wegen der Möglichkeit, Menschen ohne deren Wissen zu beeinflussen, in der Werbung verboten. Das Ergebnis war – Sie erraten es bereits –, dass die Testpersonen selbst auf diese nicht mehr bewusst sichtbaren Reize mit der entsprechenden Spiegelreaktion reagierten. Das heißt, diese Spiegelphänomene funktionieren nicht nur gegen unseren Willen, sondern auch ohne unsere bewusste Wahrnehmung.

8.1 Was bedeutet das für die verkäuferische Praxis?

Den Einsatz haben wir teilweise schon beim aktiven Zuhören beschrieben. Das aktive Zuhören kommt ja auch aus der Psychotherapie. Wir können uns als Psychotherapeuten oder als Verkäufer durch bewusstes körpersprachliches Spiegeln und Mitschwingen – also in Resonanz oder Rapport gehen – auf andere Menschen einstimmen, und umgekehrt! Das heißt, wenn Sie sich im Verkaufsgespräch körpersprachlich an Ihren Gesprächspartner anpassen, wird dieser wesentlich schneller und wahrscheinlich auch wesentlich intensiver Vertrauen zu Ihnen fassen. Das passiert deshalb, weil – sehr populärwissenschaftlich gesprochen – sein Unterbewusstsein an das Bewusstsein folgende Botschaft schickt: „Das ist ein Freund, dem können wir vertrauen." Das ist zugegebenermaßen eine starke Simplifizierung. Wenn Sie das Thema vertiefen wollen, lesen Sie am besten das erwähnte Buch von Joachim Bauer (siehe Literatur).

9. Achtung, Manipulation!

Jetzt werden manche rufen: „Das ist gefährlich, das ist ja Manipulation!" Ja, natürlich handelt es sich dabei um Manipulation, und selbstverständlich sind diese Instrumente extrem wirksam. Durch gutes aktives Zuhören, kombiniert mit Spiegeln und Rapport, können wir mit Menschen, die uns noch vor wenigen Minuten wildfremd waren, in geradezu an Zauberei grenzender Geschwindigkeit persönlichen Kontakt aufbauen und ein Vertrauensverhältnis schaffen. Mit souveränem Einsatz der richtigen Fragetechniken schicken wir die Gedanken des Kunden auf die von uns gewollte Reise.

Und natürlich gilt auch, dass man mit mächtigen Instrumenten auch mächtigen Unfug treiben kann. Aber das gilt für viele Dinge und Instrumente. Mit einem Computer können wir etwas Sinnvolles und Nützliches machen oder eine terroristische Webseite betreiben. Man kann jemanden mit einem scharfen Brotmesser umbringen oder einfach ein Stück Brot abschneiden. Das Instrument bleibt dasselbe. Wir Menschen machen den Unterschied aus. Manche werden sagen: „So mächtige Instrumente und Methoden dürfen nur von ausgebildeten Therapeuten und Psychologen verwendet werden." Diese Meinung teilen wir von VBC nicht.

Dazu möchten wir zwei Dinge anmerken: Erstens ist fast alles, was an Interaktion mit anderen Menschen stattfindet, Manipulation. Das ist schon durch die Spiegelneuronen sichergestellt. Wenn Sie und ich in einem Fahrstuhl stehen, und ich Sie anlächle und Sie lächeln zurück, habe ich Sie bereits manipuliert. Vielleicht wollten Sie ja gar nicht lächeln.

Zweitens möchten wir auf das Thema Verkaufsethik oder berufliche Ethik im ersten Kapitel verweisen und hier in aller Form empfehlen, diese Dinge nur zum Nutzen des Kunden einzusetzen. Wenn wir also kraft unserer Fachkompetenz und aufgrund der guten Bedarfserhebung wissen, was unser Kunde will und braucht, dann ist es auch legitim, alles daran zu setzen, dass er es bekommt. Wenn wir hingegen wissen, dass unser Kunde etwas ganz anderes braucht, dann suchen wir uns einen anderen Kunden und bleiben damit langfristig erfolgreich und zufrieden. Auf jeden Fall hier noch einmal ein flammender Appell an die richtige ethische Einstellung und die kundenorientierte Herangehensweise im Sinne des Win-win-Prinzips: Gut für den Kunden – gut für uns!

10. Der 6-Uhr-Test

Von der begnadeten, leider vor ein paar Jahren verstorbenen deutschen Trainerkollegin Vera Birkenbihl stammt folgendes Beispiel.

Wir machen nun ein Experiment: Legen Sie die Hand, auf der Sie Ihre Uhr tragen, verkehrt vor sich auf den Tisch. Wenn Sie keine Uhr tragen oder nur über eine digitale Uhr verfügen, können Sie leider nicht mitmachen, sich jedoch trotzdem gut eindenken. Ohne nachzuschauen überlegen Sie nun, wie die Stelle „sechs Uhr" auf Ihrem Ziffernblatt aussieht. Steht dort eine arabische Zahl, eine römische, ist dort das Datum oder ein Brillant? Wenn Sie das Gefühl haben, Sie wissen es – und auch, wenn Sie es nicht wissen –, drehen Sie nun Ihren Arm um und schauen Sie nach.

In mehr als 80% der Fälle wissen die Befragten nicht, wie „sechs Uhr" auf ihrer Uhr aussieht, obwohl manche von uns sie vielleicht schon zur Firmung erhalten und andere vielleicht ein paar tausend Euro dafür ausgegeben haben. Und das, obwohl wir zigfach pro Tag auf unsere Uhr blicken.

Warum ist das so? Was wollen wir denn wissen, wenn wir auf die Uhr schauen? Klar, wir wollen wissen, wie spät es ist! Uns Menschen – und das gilt in gleichem Maße für unsere Kunden – interessiert nur das, was uns tatsächlich nutzt. Ist Ihre Aufmerksamkeit jetzt bei diesem Beispiel auf eine bestimmte Stelle des Ziffernblattes gelenkt, sind Sie umgekehrt vermutlich gar nicht in der Lage, zu sagen, wie spät es eigentlich war, als Sie dort hingesehen haben! Wir nehmen also lediglich wahr, was im Moment für uns spannend und relevant ist.

Umgelegt auf unseren Verkaufsprozess heißt das, dass wir in der nun folgenden Stufe 5 – der Präsentation – unserem Kunden lediglich das erzählen, was ihn auch tatsächlich interessiert. Und das haben wir in der Bedarfserhebung ermittelt.

Wir wollen Ihnen an dieser Stelle auch noch ein wissenschaftliches Beispiel geben. Wir Menschen sind in der Lage, bis zu zwölf Millionen Informationseinheiten pro Sekunde (auch Bit genannt) unbewusst wahrzunehmen. Bewusst sind wir allerdings nur in der Lage, 16 bis 40 Bit aufzunehmen. Sie können sich nun die Aufnahmefähigkeit unserer Kunden wie eine kleine Tüte vorstellen. Senden wir nun viel Information – und das ist die Gefahr bei vielen klassischen Verkäufern, die motiviert und stürmisch gleich mit der Präsentation beginnen –, ist dieses Bit-Sackerl schnell voll. Im schlimmsten Fall mit Bits, die keinen relevanten Einfluss auf die Kaufentscheidung unseres Kunden haben.

Droht die Tüte zu bersten, behilft sich der Kunde mit Sagern wie: „Vielen Dank für Ihre Beratung, da muss ich noch einmal drüber schlafen!" oder „Vielen Dank für die wertvollen Informationen, haben Sie einen Prospekt für mich?" oder, der Klassiker, „Vielen Dank für Ihre Beratung, ich melde mich bei Ihnen wieder!" Wie oft – oder eigentlich selten – das tatsächlich passiert, haben wir als Routiniers im Verkauf natürlich schon längst mitbekommen.

! Daher gilt die Faustregel: KKK = kurz, knapp und knackig!

Stufe 5: Präsentation

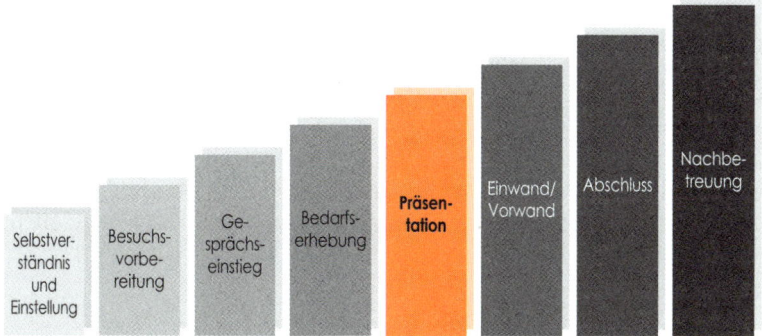

Abb. 10

Unter Präsentation fällt hier alles, was wir als Verkäufer tun, sagen, vorführen, zeigen und erklären, um dem Kunden unsere „Problemlösung" näher zu bringen. Das heißt, es geht um eine sehr weit gefasste Definition des Begriffs Präsentation. Damit ist alles gemeint, vom einfachen Satz: „Lieber Kunde, in Ihrem Fall empfehle ich Ihnen die Variante DEF mit jährlichem Update" bis hin zu einer Präsentation im engeren Sinne, bei der wir z.B. mittels Datenprojektion oder mit Hilfe eines anderen Mediums vor einem oder mehreren Interessenten präsentieren. Zum Thema Präsentation im engeren Sinne lässt sich natürlich viel mehr sagen und schreiben, als dieses Buch fassen kann. Wenn Sie also öfter vor mehreren Menschen Verkaufspräsentationen machen und sich dabei noch weiter verbessern möchten, empfehlen wir Ihnen das Buch „Verkaufsfaktor P" unseres Firmengründerkollegen und VBC-Gesellschafters Prof. Emil Hierhold (siehe Literatur).

In der Präsentationsphase geht es darum, die gesammelten Informationen aus der Bedarfserhebung mit dem eigenen Produkt- und Fachwissen zu kombinieren sowie daraus eine für den Kunden optimale Vorselektion zu treffen. Der Kunde bekommt davon nur noch eine kleine Auswahl zu sehen.

In der Praxis gibt es auch Situationen, in denen es tatsächlich nur eine richtige Variante gibt, und in diesem Fall präsentieren wir auch nur diese eine. Wann immer möglich, ist es aber besser, dem Kunden eine gewisse

Auswahl zu bieten. Wir Menschen haben gerne die Wahl und wollen nicht nur eine einzige Möglichkeit angeboten bekommen. Finden Sie also zwei oder drei Varianten mit klaren Unterscheidungsmerkmalen, aus denen der Kunde wählen kann. Selbstredend sollen *alle* angebotenen Varianten den vorher erhobenen Bedürfnissen des Kunden entsprechen.

Bitte präsentieren Sie aber nicht mehr als drei! Kunden tun sich schwer, bei mehr als drei Optionen ihre Entscheidung zu treffen, und Untersuchungen zeigen, dass sie, wenn sie bei mehr als drei Optionen ihre Entscheidung getroffen haben, damit im Nachhinein meist nicht so glücklich sind.

1. Präsentation: Standard oder nach Maß?

Früher wurde im Verkaufstraining mehr oder weniger darauf Wert gelegt, eine gute Standardpräsentation einzustudieren und diese mehr oder weniger auswendig zu lernen. Diese „Idealpräsentation" kam dann unverändert bei allen Kunden zur Anwendung. Damit können wir jedoch im heutigen Geschäftsleben nur noch vereinzelt punkten. Das heißt, wenn wir heute zu einem Kunden gehen und unsere Standardpräsentation ‚abspielen' – egal ob mit oder ohne Bedarfserhebung –, wird das nur bedingt zum Erfolg führen. Standardisiert dürfen maximal die Überschriften sein. Die Unterpunkte auf den Präsentationsfolien sollen an die individuellen Bedürfnisse des Kunden angepasst sein. Natürlich können und sollen wir auch die verschiedenen Präsentationsvarianten vorbereiten und üben. Aber eben verschiedene Varianten und nicht nur eine Standardpräsentation.

Wir müssen unbedingt darauf achten, dass das Was und das Wie unserer Präsentation auf unseren Gesprächspartner, sein Bedürfnisspektrum und seine Kaufmotive zugeschnitten sind.

Bei der Foliengestaltung achten Sie bitte darauf, nicht in ganzen Sätzen zu formulieren, sondern arbeiten Sie in Stichworten. Ganze Sätze lesen Kunden voraus, damit wird Ihnen als Präsentator die Aufmerksamkeit geraubt. Stichworte können Sie außerdem in Ihrer Sprache an die Welt des Kunden anpassen. Wenn Sie die Präsentationsfolien so gestalten, ist es wichtig, diese nicht als Handout an Ihren Kunden abzugeben, denn ohne Ihre Verbalkommentare ergeben sie keinen Sinn.

Der für den Verkauf gefährlichste Fehler in dem Zusammenhang ist aber nicht – wie viele vermuten – eine schlecht eingeübte Präsentation, sondern den größten Fehler begehen wir, wenn wir uns ohne ausreichende Bedarfserhebung zu einer Präsentation hinreißen lassen. Das ist oft gar nicht so leicht zu vermeiden, weil der Kunde vielleicht Zeitdruck signalisiert nach dem Motto: „So viel Zeit habe ich nicht, lassen Sie mal sehen, was Sie zu bieten haben."

Dennoch gibt es auch heute noch Verkaufssituationen, bei denen Sie nur eine Standardpräsentation machen können. Nämlich immer dann, wenn Sie aufgrund der Gegebenheiten nicht in der Lage sind, eine Bedarfserhebung durchzuführen. Ich meine damit Verkaufspräsentationen vor einem größeren, anonymen Publikum.

Das ist z.b. bei Messeverkaufspräsentationen (Stichwort: „Gemüsehobelverkäufer") oder bei Verkaufspräsentationen im Fernsehen etc. der Fall. Bei dieser Art von Präsentation ist es einfach essenziell, dass möglichst viele potenzielle Motive und Bedürfnisse angesprochen werden. Es ist für uns Verkäufer durchaus aufschlussreich, sich hin und wieder so eine Fernsehverkaufspräsentation anzusehen. Nämlich mit dem Block und Bleistift in der Hand, um mitzuschreiben, welche Kaufmotive und Bedürfnisse denn mit welchen Argumenten und Interaktionen angesprochen werden. Diese Fernsehverkäufer sind oft großartige Verkäufer, von denen wir viel lernen können.

Eine andere Situation für eine Standardpräsentation liegt vor, wenn Sie zu einem Pitch eingeladen sind, wenn der Kunde also mehrere Anbieter einlädt, damit diese ihre Produkte oder Dienstleistungen präsentieren, um dann die Kaufentscheidung zu treffen. Vor diesem Entscheidergremium (Buying Center) ist es in der Regel nicht möglich, eine solide Bedarfserhebung durchzuführen. Hoffentlich hatten Sie die Möglichkeit, diese schon vorgelagert im Rahmen des Projektes mit Ihren Gesprächspartnern auf der Kundenseite durchzuführen. In jedem Fall hilft ihnen aber folgende Intervention, bevor Sie mit Ihrer Pitch-Präsentation starten.

Stellen Sie an die Entscheidergruppe folgende offene Frage: „Was muss passieren, dass dieser heutige Termin für Sie zum vollen Erfolg wird?" Und nun lassen Sie Ihren Kunden eine bis zwei Minuten Zeit, die Gedanken für ihre Antworten zu sammeln. Sollte ein Flipchart im Raum

stehen, nutzen Sie diesen und sammeln in Stichworten ein, welche Antworten Ihre Kunden auf diese Frage geben. Häufig erfahren Sie nun die relevanteste Erwartungshaltung jedes einzelnen Entscheiders und können im anschließenden Pitch genau darauf eingehen. Am Ende des Termins haben Sie die Möglichkeit, gemeinsam mit Ihren Kunden zu checken, ob alle Erwartungen für den heutigen Termin aus der Sicht des Kunden erfüllt wurden. Der zweite Vorteil dieser Intervention für Sie ist, dass Sie gleich vom Start weg eine Interaktion auslösen und Ihre Kunden aus der passiven Konsumentenrolle in eine aktive Gestalterrolle führen.

In der verkäuferischen Praxis im Verkaufsaußendienst – sowohl bei hochwertigen Konsumgütern als auch bei Investitionsgütern – können wir meistens mit unserem Kunden durchaus in einen persönlichen Dialog treten und daher eine Bedarfserhebung machen. Aus diesem Grund gehe ich nun nicht mehr weiter auf die Standardpräsentation ein und wir konzentrieren uns auf das Präsentieren im persönlichen Verkaufsgespräch.

2. Ein- oder mehrphasige Verkaufsgespräche?

Ob Sie Ihr Verkaufsgespräch ein-, zwei- oder mehrphasig anlegen, hängt in erster Linie davon ab, was Sie an welche Zielgruppe verkaufen. Bei manchen Geschäftsfeldern ist es durchaus möglich, bei einem Verkaufsgespräch über alle acht Stufen zu kommen. Das heißt, wenn wir z.B. Hygieneprodukte an Gastronomen und Hoteliers verkaufen, können wir durchaus bei (nur) einem Gespräch bis zum Abschluss kommen. Andere Geschäfte wiederum laufen grundsätzlich über einen mehrphasigen Verkauf. Das betrifft vor allem komplexe Produkte oder Dienstleistungen. Das heißt, der Verkäufer macht zuerst eine strukturierte Bedarfserhebung und präsentiert in dem Gespräch wenig bis gar nichts, sondern vereinbart einen zweiten Termin. Das erlaubt dem Verkäufer, in Ruhe im Büro mit etwaigen Spezialisten ein perfekt passendes Angebot inklusive professioneller Präsentation für den Kunden vorzubereiten. Für solche komplexen mehrstufigen Verkaufsprozesse hat VBC sowohl im Produktlösungs- als auch im Dienstleistungsbereich eigene Trainings entwickelt. Dort erarbeiten die Teilnehmer maßgeschneiderte Präsentationsvorlagen für den

Zweit- oder Dritttermin und üben diese auch. Bei Interesse sehen Sie sich doch diese Inhalte auf der VBC-Seite www.vbc.biz an.

Praxistipp

Falls Sie einen Mehr-Phasen-Verkauf machen, beachten Sie, dass Sie bei weiteren Terminen trotzdem nicht gleich auf der 5. Stufe beginnen, sondern wieder einen Gesprächseinstieg machen (3. Stufe) und zumindest kurz abchecken, was sich seit dem letzten Gespräch eventuell geändert hat.

3. Was und Wie?

Was von vielen Verkaufspraktikern an den meisten Verkaufstrainings bemängelt wird, sind die sogenannten Standardphrasen und Allheilmittel-Aussagen. Praktiker wehren sich zu Recht dagegen, irgendwelche Sätze und Redewendungen auswendig zu lernen und dann herunterzubeten. So etwas spürt der Kunde. Der Verkäufer wirkt nicht authentisch und der Erfolg kann bestenfalls mittelmäßig sein. Hier wird leider oft das Kind mit dem Bade ausgeschüttet, weil viele Verkäufer dann überhaupt keine Präsentationen mehr vorbereiten wollen. Wir von VBC unterscheiden daher beim Profitraining und der Profivorbereitung zwischen „Was" und „Wie".

3.1 Was

Unter dem „Was" verstehen wir den Kern einer Aussage. Zum Beispiel: „Mit der von uns programmierten Schnittstelle können Sie sämtliche Daten aus Ihrer bestehenden Finanzbuchhaltung in das Managementinformationssystem importieren."

Oder ein anderes Beispiel: „Die in unserem Labor entwickelten Neunfarbpigmente haben eine höhere UV-Resistenz."

Solche Aussagen nennen wir Argumente oder Merkmale. Etwas später in diesem Kapitel werden wir aus diesen Produktmerkmalen echte Nutzenargumente machen. Unter „Was" verstehen wir auch andere

Dinge, wie z.B. die Preisnennung (ebenfalls etwas später in diesem Kapitel) oder unsere Einwandargumentation (6. Kapitel) oder auch Abschlussfragen (7. Kapitel).

3.2 Wie

Wenn wir das „Was" entschieden haben, geht es darum, „wie" wir es dem Kunden sagen oder beibringen. Das „Wie" können wir nur zum Teil vorbereiten, nämlich indem wir uns verschiedene Varianten zurechtlegen und im Verkaufsgespräch jeweils eine, auf den Kunden zugeschnittene, anwenden. Profiverkäufer sind nämlich nicht nur in der Lage, bei einer Art Kunde, sondern bei vielen unterschiedlichen Menschentypen erfolgreich zu sein. Das erfordert große Flexibilität, Anpassungsfähigkeit und soziale Kompetenz (siehe auch Kapitel 1). Ein guter Anfang ist getan, wenn wir uns pro richtiger „Was"-Aussage drei Varianten zurechtlegen.

Praxisbeispiel

Angenommen, Sie verkaufen Zeiterfassungssysteme für mittlere und große Produktionsbetriebe. Nehmen wir weiter an, dass eines Ihrer Produktmerkmale („Was"-Aussage) ist, dass die Mitarbeiter bei der Verwendung Ihres Systems über einen gesicherten passwortgeschützten Internetzugang Ihre Stundenkonten selbst warten können. Nun wird es einen Unterschied machen, „wie" Sie dieses Feature drei unterschiedlichen Kundentypen erklären/verkaufen.

Da gibt es einmal den Betriebsratsvorsitzenden, einen sympathischen, eher kumpelhaften, bodenständigen, ehemaligen Arbeiter. Dann gibt es den Personalchef, einen distinguierten Akademiker. Und dann haben Sie noch den Einkaufsleiter, den Sie schon aus der Schule kennen, mit dem Sie per Du sind. Sie werden also ein und dieselbe Aussage in verschiedenen Varianten präsentieren, damit die Menschen sich in ihrer Welt angesprochen fühlen. Sie werden eine akademische Variante für den Herrn Personalchef haben; eine bodenständige, mitarbeiterorientierte für den Betriebsrat und eine amikale für den Einkäufer. Wenn Sie mit diesen drei Varianten schon sehr vertraut sind, können Sie noch eine weitere Dimension einfügen und z.B. darauf Rücksicht nehmen, ob Ihr Kunde ein visueller Typ ist, ein auditiver oder eher ein kinästhetischer.

4. Zweifel sind vielfältig

Hier gleich ein Beispiel: Ein Verkäufer aus der Industrie argumentiert vor seinem Kunden: „Die neuen Sensoren sind genauer. Dadurch sparen Sie Geld, weil es weniger Ausschuss gibt!"

Im Kundenkopf können jetzt folgende Gedankenblasen entstehen: „Das haben andere auch schon behauptet!" Oder: „Ob das wieder so ein Verkaufstrick ist?" Oder: „Kann man das glauben?" Oder: „Der Verkäufer von XY GmbH sagt genau das Gegenteil!"

5. Fürsprecher

Da helfen Fürsprecher. Als Fürsprecher bezeichnen wir mehr oder weniger alles, was die Aussage eines Verkäufers unterstützt und in den Augen des Kunden neutraler oder objektiver wirkt. In aller Regel Aussagen von einer dritten Person. Das sind z.b.:

• Testimonials

• Referenzlisten

• Testberichte

• Zeitungsartikel

• wissenschaftliche Arbeiten

• Empfehlungsbriefe von zufriedenen Kunden

• Muster, die man angreifen und ausprobieren kann

• Vorführungen, wenn es sich um komplexe technische Produkte handelt

Oft gibt es mehr Fürsprecher für unsere Produkte, als wir wissen, und jeder Verkäufer ist selbst dafür verantwortlich, die für ihn richtigen Fürsprecher in der richtigen Form in seinen Verkaufsunterlagen dabeizuhaben. Wenn es also z.b. einen positiven Presse-Bericht in einer Fachzeitschrift über unser Produkt oder unsere Lösung gibt, dann sollten wir uns ein paar Farbkopien davon in unseren Verkaufsordner stecken.

6. Verkaufsunterlagen

Je nach Branche, Firma und Produkt gibt es große Unterschiede darin, welche Unterlagen, Prospekte, Preislisten etc. wir zum Verkaufsgespräch mitnehmen. Grundsätzlich vertreten wir die Ansicht, dass Verkäufer für ihre jeweiligen Unterlagen, die sie beim Kunden einsetzen, selbst verantwortlich sind. So wie jeder andere Profi letztendlich eigenverantwortlich über seine Instrumente und Werkzeuge verfügt, trifft das auch auf uns Verkäufer zu. Das heißt auch: Nur weil mir meine Firma keine neue Verkaufsmappe zur Verfügung stellt oder die Prospekte, die ich aus dem Marketing bekomme, für die Verkaufspräsentation suboptimal sind, heißt das noch lange nicht, dass ich damit leben muss!

In der Regel ist es schwieriger, abstrakte Dienstleistungen in Prospekten und Verkaufsunterlagen darzustellen als toll designte Produkte, die man anfassen kann und die für sich selbst sprechen. Ein Autoverkäufer, dessen Kunde zu ihm in den Verkaufsraum kommt, wo er das neue Fahrzeug mit (fast) allen Sinnen (Sehen, Hören, Fühlen und Riechen) erleben kann, hat es da natürlich leichter als ein Verkäufer von komplexen Dienstleistungen. Die Mehrzahl der Außendienstverkäufer kann das Produkt nicht zum Kunden mitnehmen und ist daher auf die Präsentation von Abbildungen, Prospekten etc. angewiesen. Im Kapitel 3 („Gesprächseinstieg") haben wir bereits darauf hingewiesen, dass wir idealerweise zum Beginn des Verkaufsgesprächs unsere Unterlagen (Prospekte etc.) noch außerhalb der Griffweite des Kunden lassen sollen, also auf unserer Seite.

Die meisten Menschen nehmen – wie ebenfalls bereits erwähnt – den Großteil der Informationen über den visuellen Sinneskanal, also die Augen, auf. Diesen Umstand machen wir uns als Profiverkäufer zunutze, indem wir interessante visuelle Informationen zum Herzeigen haben. Durch die parallele sprachliche Argumentation werden die beiden Hauptsinneskanäle (Sehen und Hören) wie bei einem Kinofilm in Farbe angesprochen. Daher ist es für uns Verkäufer oft schwierig, die von der Marketing- und Werbeabteilung gestalteten Prospekte 1:1 in der Verkaufspräsentation einzusetzen. Prospekte sind mehrheitlich so gestaltet, dass sie selbsterklärend sind. Das heißt, wenn Sie jemandem dieses Prospekt schicken, kann er es ansehen, durchlesen und daraus alle relevanten Informationen erhalten. In der Verkaufspräsentation wollen wir aber während des Präsentierens eine Mischung aus Bild und Ton entwickeln, die erst gemeinsam das Ganze ergibt.

Vielleicht haben Sie schon einmal einen Tonfilm gesehen, bei dem gleichzeitig auch noch Untertitel mitgelaufen sind (z.b. für Gehörlose). Dabei haben Sie erlebt, wie unangenehm es ist, wenn man sich ständig zwischen dem Hören und dem Lesen entscheiden muss und wie verwirrend das sein kann. Entweder man konzentriert sich auf die Untertitel oder auf den gesprochenen Text. Beides zusammen wirkt verwirrend. Genau so geht es unserem Kunden, dem wir ein Prospekt zeigen, auf er dem alle Informationen findet, und wir ihm diese parallel dazu noch in unseren Worten nennen.

Praxistipp

Gestalten Sie Ihre eigene Verkaufsmappe so, dass Sie zwar die Prospekte zum Hergeben in Klarsichthüllen bereit haben, aber für die eigentliche Präsentation nur Ausschnitte davon verwenden. Das können Sie bewerkstelligen, indem Sie die digitale Variante der Prospekte, Produkte und Informationen in Ihrem Computer bearbeiten und auf die wesentlichen Inhalte reduzieren und dann einen Ausdruck davon in Ihre Verkaufsmappe legen.

Wenn Sie beim Kunden Ihr Produkt oder Ihre Dienstleistung präsentieren, achten Sie darauf, dass die Mischung aus gezeigten Informationen und gesprochenem Text erst im Kopf des Kunden ein Gesamtbild ergibt („Kinofilm mit Ton"). Wenn Sie für das eine oder andere Produkt oder die eine oder andere Dienstleistung eine spezielle Verkaufspräsentation haben, also eine aus mehreren logisch aufeinanderfolgenden Bildern bestehende Präsentation (z.B. PowerPoint oder Prezi), die Sie aber aus irgendeinem Grund nicht auf dem Bildschirm zeigen wollen, dann haben wir den folgenden Praxistipp für Sie.

Praxistipp

Für jene unter Ihnen, die lieber analog als digital präsentieren wollen, empfehlen wir, die PowerPoint-Präsentation in Querformat auf A4-Seiten bunt auszudrucken, in Klarsichthüllen zu stecken und diese via Tisch-Flipchart zu präsentieren. Heutzutage können Sie damit manchmal mehr Aufmerksamkeit erzielen als mit Ihrem Notebook oder Tablet. Gegenüber Prospekten hat der Tisch-Flipchart den Vorteil, durch seine Dreidimensionalität hervorzustechen. Ein Prospekt bleibt immer zweidimensional.

Zusätzlicher Vorteil dabei: Sie ersparen sich die „Hochfahrzeit" des Computers und sind energieunabhängig einen ganzen Verkaufstag lang präsentationsbereit.

Wenn Sie zum Thema Tisch-Flipchart und dessen Einsatz noch nähere Informationen möchten, empfehle ich Ihnen hier nochmals das bereits erwähnte Buch „Verkaufsfaktor P" von Emil Hierhold.

Achten Sie darauf, dass Sie in Ihrer Verkaufsmappe immer ausreichend Fürsprecher (siehe voriges Kapitel) dabeihaben. Was die Unterlagen anlangt, so gilt die Faustregel: **Anzahl der erwarteten Gesprächsteilnehmer plus zwei**

Angenommen, Sie haben ein Verkaufsgespräch mit zwei oder drei Personen. Dann nehmen Sie alle Unterlagen (Prospekte, Angebote, Preislisten, Kopien etc.) zum Aushändigen in der Anzahl der Teilnehmer (z.b. drei) plus zwei in Reserve mit. Sollte nämlich noch der eine oder andere unangemeldete Gesprächsteilnehmer beim Kunden Interesse zeigen, wirkt es sehr professionell, wenn Sie diesem auch etwas geben können.

7. Elektronische Präsentation

Es gibt nur noch wenige Außendienstmitarbeiter, die nicht über Laptop oder Tablet verfügen, und so ist es durchaus sinnvoll, wenn wir unsere Präsentationen direkt am Computer machen. Wie bei allem im Leben gibt es auch hierbei Vor- und Nachteile.

7.1 Die Vorteile

- Eine einmal aufwändig durchdachte Verkaufspräsentation kann mit wenigen Klicks vor dem Verkaufsgespräch in der Vorbereitung an den Kunden angepasst werden.

- Die Präsentation kann mit anderen interaktiven Elementen verknüpft sein (Kalkulation, Videos, Katalogbilder, Datenbank etc.).

- Mit einer mobilen Internetverbindung kann bei Interesse auch auf vertiefende Produktinformationen auf der Firmenwebseite zurückgegriffen werden.

- Von der Marketing- oder Werbeabteilung hergestellte Präsentationen können leicht auf die eigenen Bedürfnisse hin umgebaut werden.

7.2 Die möglichen Nachteile

- Zu verspielte Präsentationen lenken vom Inhalt ab. Achten Sie auf schlichte Animationen. Alles, was den Sinn der Botschaft nicht unterstützt, einfach weglassen!
- Probleme beim Hochfahren des Computers oder mit der Stromversorgung.
- „Herunterspulen" einer Standardpräsentation, die nicht auf den Kunden abgestimmt ist.
- Etwaige „Problemchen" mit der Software lenken den Verkäufer vom Kunden ab und dieser fühlt sich weniger wichtig als der Computer.

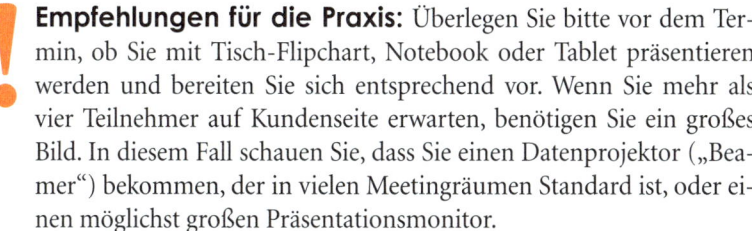 **Empfehlungen für die Praxis:** Überlegen Sie bitte vor dem Termin, ob Sie mit Tisch-Flipchart, Notebook oder Tablet präsentieren werden und bereiten Sie sich entsprechend vor. Wenn Sie mehr als vier Teilnehmer auf Kundenseite erwarten, benötigen Sie ein großes Bild. In diesem Fall schauen Sie, dass Sie einen Datenprojektor („Beamer") bekommen, der in vielen Meetingräumen Standard ist, oder einen möglichst großen Präsentationsmonitor.

Hier noch eine nützliche Checkliste für die Vorbereitung einer Verkaufspräsentation:

7.3 Checkliste für Präsentationen mit Computer und Datenprojektor

- Laptop mit Netzgerät und (idealerweise) vollem Akku
- Anschlussadapter prüfen und dabeihaben
- vorbereitete Präsentation
- Datenprojektor mit Monitorkabel
- Netzkabel

- Stromverlängerung
- Stromverteiler
- Präsentation als „Back-up" auf USB-Stick
- 15 bis 30 Minuten vor Beginn in den Raum kommen
- Raum lüften, ggf. im Meetingraum aufräumen
- alles aufbauen und herrichten
- Flipchart und übrige Unterlagen des „Vorgängers" entfernen

Die Checkliste finden Sie auch als Kopiervorlage im Anhang. Weiterführende Informationen dazu finden Sie im bereits erwähnten Buch von Emil Hierhold.

8. MNC-Methode

Angenommen, Sie gehen in einen Elektrogroßmarkt, um einen Fernseher zu kaufen. Nicht in allen, aber in vielen Fällen wird bei der Präsentation – sofern es überhaupt zu einer kommt – das passieren, was wir das Aufzählen von Merkmalen nennen: „Hier haben wir ein Top-Modell mit 120 cm Bildschirmdiagonale, Digitaltuner, 60 Watt Stromverbrauch, vier Videoeingängen, Dolby Surround Decoder und einem eingebauten Verstärker mit 5x40 Watt." Für den Verkäufer ist – im Idealfall – die Bedeutung jedes dieser Merkmale oder Features sonnenklar, nicht jedoch für den durchschnittlichen Kunden. Daher erklären wir dem Kunden seinen jeweiligen Nutzen: „Bei nur 60 Watt Stromverbrauch sparen Sie bares Geld und helfen der Umwelt" und „Der eingebaute Verstärker mit Dolby Surround Decoder bedeutet Ton- und Musikgenuss wie im Kino."

Obendrein ist möglicherweise nicht jeder Nutzen für alle Kunden gleich wichtig. Dem einen Kunden kommt es auf den Kinogenuss an wie im zweiten Beispiel, dem anderen ist der geringe Stromverbrauch wichtiger. Daher ist es am besten, wenn wir Verkäufer einfach unsere Erkenntnisse (Notizen!) aus der Bedarfserhebung nehmen und bedarfsgerecht argumentieren. Wir bei VBC haben dazu eine Technik entwickelt, die es Ihnen leichtmacht, den Kundennutzen in der Präsentation punktgenau darzustellen. Diese Technik nennen wir MNC, und die geht wie folgt:

- **M** steht für Merkmal. Das ist eine Produkteigenschaft oder ein Argument für das Produkt. Im Englischen spricht man auch von Feature. Beispiel: „Die Netzwerkkarte hat einen integrierten 64 Bit Datenverschlüsselungschip."

- **N** bedeutet Nutzen. Also welchen Nutzen hat der Kunde in unserem Beispiel? „Dadurch sind Ihre Dokumente sicher vor neugierigen Dritten."

- **C** steht für Checking. Hier checken wir – fragen also nach – ob unserem Kunden dieser Nutzen gefällt. In unserem Beispiel: „Was halten Sie davon?"

Siehe dazu Abb. 11.

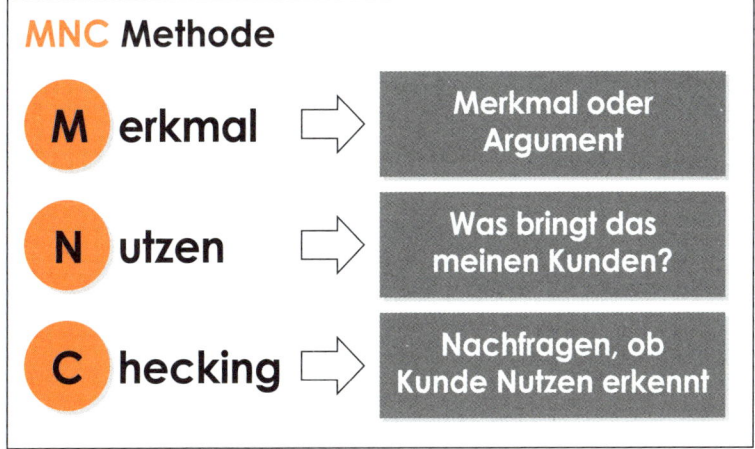

Abb. 11

Die Checking-Frage formulieren Sie tunlichst offen. Die Varianten „Was halten Sie davon?" oder „Wie gefällt Ihnen das?" sind ideal.

Hier noch ein anderes Beispiel

Merkmal: „Mit der Betriebsbündelversicherung sind Sie auch für Betriebsunterbrechungen nach Naturkatastrophen versichert."

Nutzen: „Wenn Sie also in Folge eines Erdbebens mehrere Tage nicht produzieren können, wird der Schaden voll bezahlt."

Checking: „Was halten Sie davon?"

Wenn wir unsere Bedarfserhebung gut gemacht haben und daher eine MNC-Schleife treffsicher einsetzen, kann es oft schon direkt nach der Checking-Frage zum Verkaufsabschluss kommen. Bleiben Sie dabei so einfach und verständlich wie möglich. Das heißt, nennen Sie pro MNC-Schleife nur ein Merkmal und einen Nutzen und stellen Sie nur eine Checking-Frage. Oft lassen wir uns dazu verleiten, mehrere Nutzen aufzuzählen, weil wir das Gefühl haben, dass das dann überzeugender wirkt (mehr ist besser). In der Praxis verwirrt das den Kunden eher, als es ihm hilft. Voraussetzung ist natürlich eine saubere Bedarfserhebung, damit wir wissen, welche Nutzen unserem Kunden mit einer hohen Wahrscheinlichkeit gefallen werden.

Unter der Überschrift „Was und wie?" (Seite 101) habe ich noch zwei Merkmale erwähnt. Nachfolgend die „Auflösung", also die kompletten MNC-Schleifen:

Beispiel 1

„Mit der von uns programmierten Schnittstelle können Sie sämtliche Daten aus Ihrer bestehenden Finanzbuchhaltung in das Managementinformationssystem importieren" (Merkmal). – „Das bedeutet, Sie können den monatlichen Konzernreport per Mausklick generieren" (Nutzen). – „Wie gefällt Ihnen das?" (Checking).

Beispiel 2

„Die in unserem Labor entwickelten Neunfarbpigmente haben eine höhere UV-Resistenz" (Merkmal). – „Die Fahrzeuge bleiben dadurch länger strahlend" (Nutzen). – „Was halten Sie davon?" (Checking).

Wenn Sie das nicht ohnehin schon getan haben, nehmen Sie sich jetzt bitte ein paar Minuten Zeit und generieren sie drei bis fünf MNC-Schleifen pro Hauptprodukt, das Sie verkaufen. Setzen Sie diese schon beim nächsten Verkaufsgespräch ein und prüfen Sie die Wirkung. Falls Sie in einem Verkaufsteam arbeiten, nutzen Sie die Gelegenheit, MNC-Schleifen und die Erfahrungen damit im Team auszutauschen.

9. Motivorientiertes Argument

Im 4. Kapitel „Bedarfserhebung" haben Sie die sieben Kaufmotive kennengelernt. Dabei ging es darum, welche Handlungs- oder Kaufmotive beim jeweiligen Kunden vorliegen. Jetzt haben Sie auch die MNC-Methode kennengelernt, mit der Sie punktgenau den Nutzen für den Kunden herausarbeiten und abchecken, ob dieser ihn auch als solchen anerkennt. Es gibt Merkmale, die durchaus verschiedene Nutzen stiften. Als Profi werden Sie natürlich solche Merkmal-Nutzen-Kombinationen wählen, die bei Ihrem Gesprächspartner auf offene Ohren bzw. offene Geldbörsen treffen.

Praxisbeispiel

Angenommen, Sie verkaufen Bildschirme für Büroanwendungen. Ihr Kunde ist eine große und erfolgreiche Anwaltsfirma, die sämtliche Bildschirme austauschen will. Es geht um insgesamt sechzig Stück. Ihr Gegenüber ist Herr Doktor Stöttinger, Anwalt und Mitbegründer der Sozietät. Er entscheidet mehr oder weniger allein. Sie haben eine Bedarfserhebung gemacht, sich die Arbeitsplätze angesehen und festgestellt, dass die beiden wichtigsten Kaufmotive von Herrn Doktor Stöttinger „Gesundheit der Mitarbeiter" und „Bequemlichkeit und Erleichterung" für ihn und die Mitarbeiter sind.

Daher werden Sie jetzt **nicht** argumentieren, wie günstig Ihre Bildschirme sind und auch **nicht**, dass Ihre Bildschirme mit dieser neuen Technologie extrem stromsparend sind, sondern Sie werden gezielt zu dem Motiv Gesundheit in etwa folgende MNC-Schleife anwenden:

„Herr Doktor Stöttinger, unsere neu entwickelten Flachbildschirme sind mit einem speziell höhenverstellbaren Tischfuß ausgestattet, den wir für jeden Mitarbeiter und jede Mitarbeiterin auf die ideale Arbeitshöhe einstellen können (Merkmal). Durch die bessere Ergonomie beim Arbeiten haben speziell die Vielschreiber weniger Verspannungen und bleiben länger gesund (Nutzen). Was halten Sie davon? (Checking)"

Zum Kaufmotiv Bequemlichkeit und Erleichterung könnten Sie beispielsweise folgende MNC-Schleife verwenden:

111

„Wenn wir die neuen Bildschirme liefern, übernehmen wir auch die Installation an jedem einzelnen Arbeitsplatz und die Entsorgung der alten Bildschirme inklusive Verpackungsmaterial (Merkmal). Das heißt, Sie und Ihre Mitarbeiter können sofort ungestört weiterarbeiten (Nutzen). Wie gefällt Ihnen das, Herr Doktor Stöttinger? (Checking)"

Sie sehen, für ein und dasselbe Produkt können Sie für die verschiedensten Kaufmotive MNC-Schleifen vorbereiten und einsetzen. Idealerweise verwenden Sie nur diejenigen, die aufgrund Ihrer Beobachtungen und Eindrücke bei der Bedarfserhebung für den jeweiligen Kunden sinnvoll sind. Jetzt werden manche sagen: „Ich bringe einfach sicherheitshalber alle Nutzenargumente vor, und die richtigen werden den Kunden dann schon überzeugen.". Das kann in einzelnen Fällen durchaus funktionieren, auch über Jahrzehnte hinweg. Nur ist es heute oft so, dass einerseits die Aufmerksamkeitsspanne unserer Gesprächspartner immer kürzer wird. Das belegen alle diesbezüglichen Studien der jüngeren Zeit. Andererseits gilt auch, dass eine Merkmal-Nutzen-Kombination, die Ihren Kunden nicht interessiert, diesen sogar verunsichern kann. Ein plakatives Beispiel für die Variante mit den Flachbildschirmen in der Anwaltskanzlei wäre in dem Zusammenhang folgendes:

Angenommen, Ihr Bildschirm hat auch einen eingebauten TV-Tuner, mit dem man problemlos Fernsehsendungen empfangen kann. Nehmen wir an, Doktor Stöttinger hätte die Sorge, dass seine Mitarbeiter während der Arbeitszeit fernsehen und ihre Arbeit vernachlässigen. Daher ist die Erwähnung dieses Merkmals nicht nur nicht zielführend, sondern sogar kontraproduktiv. Überinformationen können also oft auch Fehlinformationen sein.

Daher präsentieren wir unserem Kunden idealerweise nur diejenigen Merkmale und Nutzenkombinationen, die für ihn auch interessant erscheinen. Insgesamt sollten wir während eines Verkaufsgespräches nicht mehr als zwei oder drei gezielte MNC-Schleifen einsetzen. Auch hier gilt: Weniger ist mehr. Lieber eine gute MNC-Schleife und Sie machen beim Checking gleich einen Abschluss, als Sie zählen zu viele auf und der Kunde ist verwirrt.

10. Pencil Selling

Der Begriff „Pencil Selling" kommt, wie könnte es anders sein, aus dem Amerikanischen und steht für „mitschreiben" und „mitskizzieren" beim Verkaufen. Damit sind nicht die Notizen gemeint, die Sie sich selbst machen, sondern die Visualisierungen für Ihren Kunden während der Präsentation. Das heißt, Sie machen Skizzen, Grafiken, Diagramme, die das unterstreichen, was Sie sagen. Wir haben bereits etwas früher davon gesprochen, dass wir Menschen einen größeren Anteil der Informationen über den visuellen Kanal aufnehmen und wir daher im Verkauf tunlichst visuelle Hilfsmittel einsetzen sollten. Dazu dienen eben auch das Tisch-Flipchart oder die vorbereitete Präsentation auf Ihrem Laptop oder Tablet oder die tollen bunten Prospekte. Manchmal ist aber eine während des Gesprächs gemachte Skizze mit einer Struktur oder Ablauferklärung noch viel wirksamer als das schönste Vierfarbprospekt, weil wir gemeinsam mit dem Kunden ein Bild entwickeln.

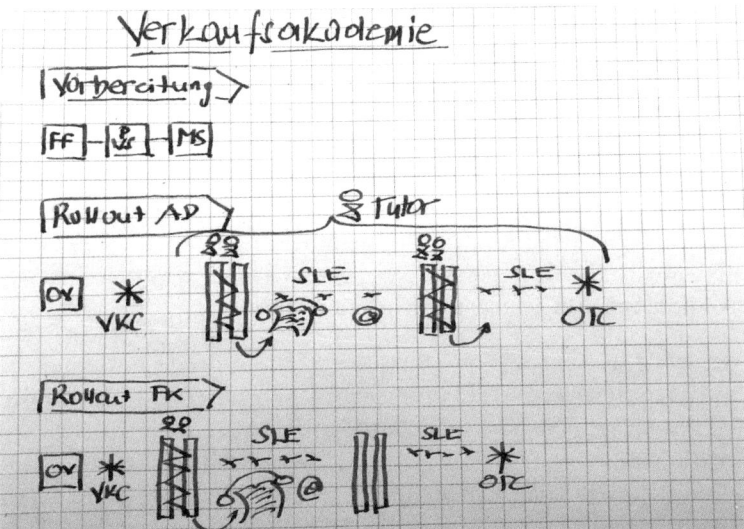

Abb. 12: Hier hat ein VBC-Berater einem Kunden unser TriStream®-Personalentwicklungsprogramm für Verkäufer erklärt.

Legende:

FF:	Fact Finding	PWS:	Programmdetaillierungsworkshop
MS:	Maßschneidern	OV:	Onlinevorbereitung
VKC:	Verkaufskompetenzcheck	SLE:	Selbstlerneinheiten
OTC:	Onlinetransfercheck		

Ob wir selbst gut zeichnen können, ist dabei völlig zweitrangig. Es geht hier wieder einmal nur um gute Vorbereitung. Obwohl das Skizzieren während des Gespräches aussieht, als wäre es in der Sekunde für den Kunden erfunden, haben Sie es in der Vorbereitung minutiös geplant – nur dann wirkt es professionell und imposant. Verwenden Sie simple Symbole und erklären Sie während des Zeichnens Ihrem Kunden die Symbole und deren Bedeutung. Verwenden Sie idealerweise einen Schreibblock mit Ihrem Firmenlogo. Nehmen Sie keinen Bleistift, obwohl Pencil übersetzt Bleistift heißt, sondern idealerweise einen breiten Faserschreiber oder einen Kugelschreiber mit dicker Mine. Dicke Striche sorgen für mehr Vertrauen. Sie sollten das Ganze zu Hause üben, um dann beim Kunden strichsicher zu sein!

11. Den Preis „präsentieren"

Wenn es um den Preis geht, trennt sich, verkäuferisch gesehen, der sprichwörtliche Weizen von der Spreu. In dieser Phase des Verkaufsgesprächs wird am meisten Gewinn gemacht – oder eben vernichtet. Nur allzu oft vergessen wir Verkäufer im Eifer des Gefechts, welche Auswirkungen ein zu schnell gewährter zusätzlicher Rabatt oder Nachlass auf die Gesamtgewinnsituation und den Deckungsbeitrag hat. Nachdem wir dieses Thema für so wichtig halten, gibt es in der VBC Mediathek ein eigenes Hörbuch zum Thema namens „Preisverhandlungen leicht gemacht" (siehe Literatur).

Wir leben in einer sehr preissensitiven Zeit, in der Handeln „in" ist und das Schnäppchenjagen für manche schon zum Lifestyle geworden ist. Das bringt viele Verkäufer verständlicherweise unter zusätzlichen Druck. Was in dieser Hektik gerne übersehen wird, ist, dass wir Menschen dennoch keine Rabatte und Nachlässe kaufen, sondern Werte und Nutzen. Es lässt sich nämlich gleichzeitig zur vielzitierten „Geiz ist geil"-Einstellung ein zweites Phänomen beobachten: der Absatz hochwertiger und hochpreisiger Produkte und Dienstleistungen steigt überdurchschnittlich. Luxusurlaube, Luxuswohnungen, teure Golfclubmitgliedschaften, ja selbst exklusive Firmenflugzeuge haben Hochkonjunktur. Der österreichische Autojournalist Philipp Waldeck hat schon vor ein paar Jahren geschrieben, dass man sich früher mit einem Mercedes von der Masse abgehoben hat und in Zukunft mit einem Mercedes in der Masse untergehen wird.

Es sind zwei Entwicklungen feststellbar: Günstige Mitnahmeprodukte werden mehr, vor allem im B2C-Bereich. Aufgrund der kaum notwendigen Beratungsleistung verliert der Einzelhandel hier oft viel Umsatz ans Internet. Auf der anderen Seite werden aber auch hochpreisige Produkte und Dienstleistungen mehr gekauft. Selbst in konjunkturell schwierigen Phasen boomen Luxus-Anbieter. Schwer haben es Anbieter von Produkten im undifferenzierten Mittelfeld, die also nicht besonders preiswert positioniert sind und auch nicht exklusiv ganz oben. Wichtig ist es, hier eine klare Positionierung zu finden.

11.1 Kunden kaufen Werte und Nutzen

Was bedeutet das für uns Verkäufer in der Praxis?

Wenn wir davon ausgehen, dass unser Kunde bereit ist, unter Umständen einen höheren (fairen) Preis zu bezahlen, anstatt bei unserem billigeren Mitbewerber zu kaufen, dann tut dieser Kunde dies nur, wenn er den Mehrwert und den Mehrnutzen für sich oder seine Organisation erkennt. Aus dem vorherigen Kapitel wissen wir, dass im Kopf des Kunden nur jener Nutzen einen Wert hat, der für ihn auch relevant ist. Daher gilt die besondere Wichtigkeit der Besuchsvorbereitung ebenso in Hinblick auf die Preisgestaltung und Preisnennung. Im Wesentlichen kommt es in dieser Phase auf zwei Punkte an: Auf das Wann und auf das Wie. Nämlich **wann** wir unserem Kunden den Preis nennen und **wie** wir das tun. Sehen wir uns zuerst das Wann an.

12. Wann kommt der Preis?

Angenommen, Sie sind bei einem Kunden und haben noch gar nicht richtig mit der Bedarfserhebung begonnen.

Ihr Kunde sagt: „Hören Sie, das ist ja alles gut und schön, aber ich habe nicht sehr viel Zeit. Sagen Sie mir doch lieber gleich, wie viel Rabatt Sie mir auf Ihre Liste geben."

Das ist zugegebenermaßen schwierig, aber es kommt in der Praxis in dieser oder ähnlicher Form immer wieder vor. Wichtig ist, dass wir uns dadurch nicht ins Bockshorn jagen lassen und, wenn irgendwie möglich, jetzt noch keinen Preis und keinen Nachlass nennen. Vermitteln Sie Ihrem Kunden, dass Sie seinen Wunsch gehört und auch verstanden haben, aber wissen müssen, was er genau braucht, bevor Sie ihm einen Preis nennen können. Und Sie nehmen sich gern die paar Minuten Zeit, wenn er das auch tut. Legen Sie sich dafür vielleicht die eine oder andere „Vertröstungsformulierung" zurecht.

Praxisbeispiele für „Vertröster"

Wie schon am Anfang dieses Kapitels erwähnt, ist es vorteilhaft, wenn wir jeweils verschiedene Varianten für wichtige Aussagen zur Verfügung haben. Hier ein paar Vertröster-Varianten:

Variante 1: „Ich verstehe, Herr Zirngast, der Preis ist natürlich ein wichtiger Punkt. Bevor ich aber darauf zu sprechen komme, habe ich noch ein paar Fragen an Sie …"

Variante 2: „Ich verstehe, dass der Preis / die Kosten für Sie wichtig ist/sind. Das ist auch einer unserer größten Vorteile. Ich komme etwas später darauf zu sprechen und habe vorher noch eine/zwei Frage/n …"

Variante 3: „Den Preis bestimmen Sie selbst. Er hängt völlig davon ab, welche Voraussetzungen bei Ihnen vorliegen und welche Bandbreite Sie benötigen. Dazu habe ich da noch ein paar Fragen …"

Variante 4: „Ich verstehe natürlich, dass Sie als erfolgreicher Unternehmer auf die Kosten achten müssen. Gestatten Sie mir vorher noch ein, zwei Punkte abzuklären, und dann können wir später darauf eingehen …"

Wichtig bei all diesen Vertröstungsformulierungen ist das Timing. Während Sie diese Aussage machen, blicken Sie Ihrem Kunden in die Augen, machen Sie ein freundliches Gesicht und nach der Aussage eine Pause, sodass Ihr Kunde zu diesem Vorschlag nicken oder „ja" sagen kann. Das wird er in den meisten Fällen tun.

Zusammenfassend möchte ich die Frage „Wann kommt der Preis?" wie folgt beantworten:

Frühestens nach der Präsentationsphase und wenn der Kunde Kaufinteresse zeigt – sowie wenn etwaige Einwände ausgeräumt sind.

13. Wie kommt der Preis?

Angenommen, Sie hatten ausreichend Zeit für die Bedarfserhebung und konnten auch die wichtigsten Nutzen so präsentieren, dass Ihr Kunde den Wert für sich erkannt hat. Dann geht es oft trotzdem noch darum, den Preis zu „verkaufen". Das ist nicht immer notwendig, weil der Kunde vielleicht schon so von Ihrer Präsentation begeistert ist, dass er fast um jeden Preis kaufen will. Meist ist der unverhüllt genannte Preis („Das zusammen kostet dann € 78.430,– inklusive Mehrwertsteuer") ein ziemlicher Brocken, der dem Kunden nur schwer „runtergeht".

13.1 WWW

Damit der Preis nicht so „nackt" im Raum steht, haben wir eine leckere Verpackung dafür entwickelt, die wir WWW nennen (siehe Abb. 13).

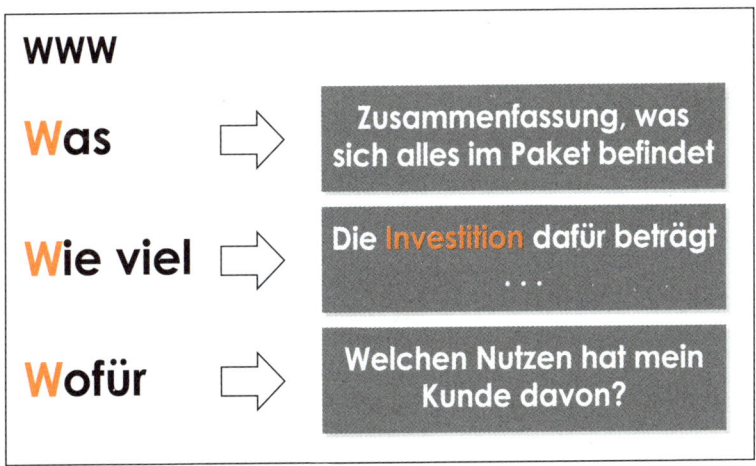

Abb. 13

- Das erste W steht für **Was**. Also eine Zusammenfassung, was sich alles in dem Paket befindet.
- Das zweite W steht für **Wie viel**. Hier nennen wir den Preis, und wir verwenden dafür den Begriff „Investition". Bei diesem Begriff haben wir gelernt: „Wir bekommen mehr als wir geben."
- Und das dritte W steht für **Wofür**. Hier bringen wir noch einmal den wichtigsten Nutzen, den unser Kunde hat.

Praxisbeispiel

„Es geht um 60 Flachbildschirme samt Aufstellung und Installation (**Was**). Sie investieren x Euro pro Stück (**Wie viel**). Dafür profitieren Sie und Ihre Mitarbeiter von ergonomischeren Arbeitsbedingungen und bleiben länger gesund (**Wofür**).“

Das ist ein Beispiel für eine WWW-Schleife. Mit einer derartigen Verpackung schmeckt der Preis gleich viel besser. Profis bereiten sich solche WWW-Schleifen vor, damit Sie nicht im Verkaufsgespräch welche erfinden müssen, die dann möglicherweise nicht so optimal ankommen.

Vielleicht ist jetzt ein guter Zeitpunkt, für Ihre wichtigsten Produkte ein paar WWW-Schleifen zu erstellen?

Abb. 14 zeigt Ihnen ein konkretes Beispiel:

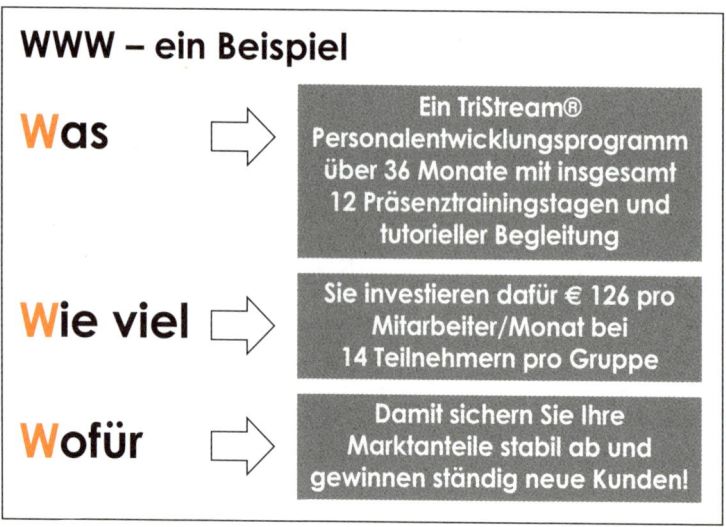

Abb. 14

Praxistipp

Für die Preisnennung in Form einer WWW-Schleife gilt das viel zitierte „Weniger ist mehr“. Das heißt, wiederholen Sie nicht die Präsentation, sondern bringen Sie nur ganz kurz eine knackige Zusammenfassung, dann nennen Sie den Preis und den wichtigsten Nutzen.

Wer teuer verkaufen will, stellt etwas noch viel Teureres in Bezug dazu.

Auch hier gleich ein Beispiel

Die Besitzerin einer Hutboutique in Manhattan klagt über schlechten Geschäftsgang und darüber, dass ihre Kundinnen, die Damen der New Yorker High Society, die Hüte zu teuer fänden und vermehrt Rabatte einforderten. Ein Verkaufsberater schlägt der Boutiquenbesitzerin Folgendes vor: Sie möge doch alle Hüte aus ihrer Auslage räumen, die Auslage mit schwarzem Samt beziehen und in der Mitte auf einem Podest, beleuchtet durch einen starken Spot, lediglich einen einzigen Hut präsentieren. Diesen solle sie von einem ihr bekannten New Yorker Künstler designen lassen und mit echten Diamanten bestücken.

Die Boutiquenbesitzerin hadert mit diesem Vorschlag, würde die Aktion ja auch wieder viel Geld kosten – und das gerade in ihrer aktuellen wirtschaftlichen Lage! Sie lässt sich dann doch überzeugen, lässt diesen Hut designen und mit echten Diamanten bestücken. Dann stellt sie ihn wie vorgeschlagen auf das einzige Podest in ihrer Auslage und beschildert ihn mit dem Verkaufspreis von 35.400 Dollar.

Was sind die Konsequenzen? Plötzlich bleiben vermehrt Passanten vor ihrer Auslage stehen, betrachten ungläubig diesen Hut um mehr als 35.400 Dollar. Diese neue Aufmerksamkeit führt dazu, dass die *Manhattan Post* über ihre Boutique schreibt und sogar ein Privatfernsehsender eine Reportage macht. Diese PR führt zu mehr Frequenz in ihrem Geschäft und dazu, dass die Damen, die früher ihre Hüte um ein paar hundert Dollar zu teuer fanden, nun gar nicht mehr wagen, nach Rabatten zu fragen.

Denken Sie jetzt darüber nach, wie Sie dieses Phänomen in Ihr Verkaufsgespräch einfließen lassen können, wenn es um das Thema Preis geht.

Achten Sie, wo immer möglich, bei der Preisnennung auch darauf, den Preis in der kleinstmöglichen Einheit darzustellen. Wie in Abb. 14 beschrieben, benennen wir die Ausbildungsinvestition in einem Betrag Mitarbeiter/Monat und nicht die ausmultiplizierte Summe für alle Mitarbeiter oder alle Monate.

Auch bei vielen anderen Produkten lässt sich diese Technik anwenden. Zum Beispiel kann bei einem Autokauf bei Kredit oder Leasing von einer monatlichen Investition gesprochen werden und nicht von der kompletten Kaufsumme. Viele Produkte, vor allem Investitionsgüter, lassen sich sozusagen auf der Zeitachse darstellen. Die Maschine kostet also nicht € 76.000,–, sondern bei einer erwarteten Nutzung von 20 Jahren beträgt die Investition pro Jahr lediglich € 3.800,– und im Monat sogar nur € 316,–!

Und jetzt noch eine Idee für Ihr schriftliches Angebot:

Untersuchungen zeigen, dass Preise ohne die „Euro"-Währungssymbole günstiger wahrgenommen werden als solche, die Sie mit dem Eurozeichen ausweisen.

Achtung: Das dürfen Sie zwar in jedem Ihrer Angebote so machen, bei der Rechnungslegung ist jedoch der Ausweis der Währung Pflicht.

13.2 Filterworte und Unterstützer

In dem Beispiel in Abb. 14 ist Ihnen vielleicht aufgefallen, dass wir nicht geschrieben haben „Sie zahlen so und so viel Prozent" oder „Der Preis macht so und so viel Euro aus", sondern „Die Investition beträgt ..." oder „Sie investieren ...". Worte haben oft viel mehr Macht, als uns bewusst ist.

Auch im Verkauf und natürlich ganz speziell in der Preisverhandlung ist das der Fall. Wir unterscheiden daher u.a. zwischen „Filterworten" und „Unterstützern". Als Filterworte bezeichnen wir Worte und Begriffe, die beim Kunden negative Assoziationen hervorrufen können und daher für die Verkaufskommunikation ungeeignet sind. Das Gegenteil davon sind Unterstützer. Dabei handelt es sich um Worte, die unsere Verkaufsbemühungen eher fördern.

Nachfolgend einige Beispiele für Filterwörter und Unterstützer im Verkauf im deutschen Sprachraum:

Filterwörter	Unterstützer
Kosten/Preis	Investition/Wert
Verpflichtung	Möglichkeit
Anzahlung	Anfangsinvestition
Monatliche Rate	Monatliche Investition oder „Kleinweiszahlung"
Kaufen	Besitzen
Vertrag	Vereinbarung
Unterschreiben	Einwilligung/O.k.-Geben

Tipp

Hierbei handelt es sich lediglich um Beispiele, die bei einer Mehrheit der Menschen als Filterwörter und Unterstützer wirken. Das kann aber im Einzelfall und in bestimmten Branchen anders sein. Das Wort Preis hat für viele Einkäufer und Unternehmer einen negativen Beigeschmack, weil es mit Kosten und Verlust assoziiert wird. Daher ist das Wort Investition viel besser, weil es mit einem langfristigen Gewinn in Verbindung gebracht wird. Der Begriff Investition funktioniert auch bei ganz kleinen Beträgen und sogar, wenn es gar nicht um Geld geht. Zum Beispiel: Wir investieren Zeit oder Gefühle, beispielsweise in eine Beziehung. Der Begriff Investition ist sehr elastisch und funktioniert nicht nur verbal, sondern auch im schriftlichen Angebot. Überprüfen Sie daher Ihre Angebotstexte und ersetzen Sie „Preise/Kosten/Tarife" durch „Investition(en)".

Stufe 6: Einwand/Vorwand

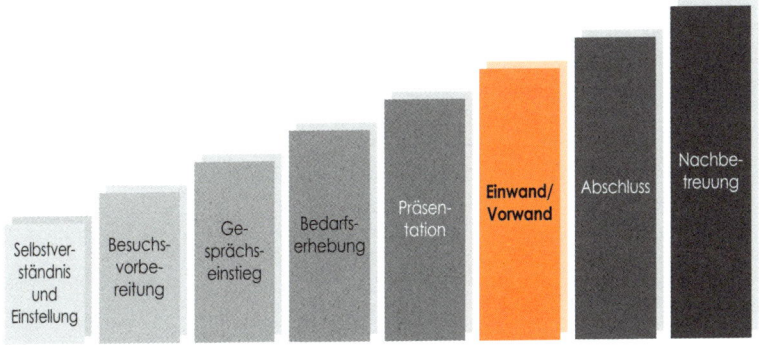

Abb. 15

Diese 6. Stufe ist nicht in jedem Verkaufsgespräch vorhanden und notwendig. Denn der beste Einwand ist auf jeden Fall der, den man nicht zu hören bekommt. Grundsätzlich gilt die Formel: Je besser die Stufen 1 bis 5 absolviert werden, desto geringer ist die Wahrscheinlichkeit, dass es tatsächlich Einwände und Vorwände gibt. Dennoch gehören Einwände zur verkäuferischen Praxis – und haben durchaus auch ihre Vorteile.

Sehen wir uns also die Einwände aus dem Alltag etwas genauer an. Dabei fällt uns auf, dass nicht alles, was nach einem Einwand klingt, auch tatsächlich einer ist. Daher unterscheiden wir zwischen Einwänden und Vorwänden. Bevor wir uns damit auseinandersetzen, möchte ich Ihnen noch eine andere Kategorie vorstellen: Bedingungen.

1. Bedingungen

Bedingungen sind Voraussetzungen, die wir erfüllen müssen, damit ein Kunde den Kauf überhaupt in Erwägung zieht oder ziehen kann. Dies sind in der Regel rechtliche und formalrechtliche Gründe. Wenn unser Kunde beispielsweise eine Universitätsklinik ist, bei der der Gesetzgeber vorsieht, dass Röntgenapparate nur mit einem Prüfzertifikat zugelassen werden, dann hat es wenig Sinn, die fantastischen Vorteile unseres neuen Digitalröntgengerätes zu präsentieren, wenn dieses nicht über das erforderliche Prüfzertifikat (= Bedingung) verfügt. Da nützt dann auch das beste Rhetorik-Know-how nichts. Wenn also eine solche unverrückbare Bedingung, die wir nicht erfüllen können, vorliegt, ist es sinnlos, weiter Richtung Abschluss vorzupreschen. Sollten Sie jedoch Zweifel haben, ob es sich bei dieser Bedingung nicht vielleicht doch lediglich um einen „Vorwand" handelt, bleiben Sie noch etwas am Ball, und verwenden Sie die „Einwand/Vorwand-Ausmesstechnik", die wir Ihnen etwas später in diesem Kapitel unter dem Namen „Auspendeln" vorstellen werden.

2. Einwände

Für die Veranschaulichung von Einwänden verwenden wir im Training die Metapher eines Stoppschildes aus dem Straßenverkehr. Wir sagen: Einwände sind wie Stoppschilder, die uns einen wichtigen Hinweis geben. Ein Hinweis darauf, dass wir jetzt nicht unreflektiert mit unseren Verkaufsbemühungen weitermachen sollten, sondern einmal kurz stehenbleiben und innehalten. Dabei nach links und rechts schauen und – bildlich gesprochen – überprüfen, was da möglicherweise an Gefahren in Hinblick auf unseren Verkaufsabschluss in Sichtweite ist. Verschiedene Ursachen können seitens des Kunden zu dem Einwand geführt haben:

- Noch hat mich das Produkt/Argument nicht überzeugt.
- Noch fehlen mir Informationen/Beweise.
- Noch fehlt mir das Vertrauen (in die Firma, in die Lösung).
- Noch ist die Lösung nicht „maßgeschneidert" genug für mich.
- Noch fühle ich mich hilflos (bin überfordert, verwirrt).
- Noch habe ich keine große „Kauflust".
- Noch passt mir persönlich etwas nicht.
- Noch ist das Gespräch zu sehr Monolog (ich wurde noch gar nicht nach meiner Meinung gefragt).

Bei all diesen möglichen Beweggründen steht am Anfang das Wörtchen „noch". Daraus abgeleitet behaupten wir:

Noch ist nichts verloren!

Der Kunde gibt uns mit diesem Stopp-Schild nur ein wichtiges Signal. Immerhin zeigt er noch Interesse und ist gedanklich bei der Sache. Würde er nämlich während des Gespräches bereits an etwas anderes denken, könnte er auch keinen Einwand formulieren.

Praxisbeispiel

Angenommen, Sie sind Key-Account-Manager bei einer internationalen Speditions- und Logistikfirma. Sie haben einen Termin mit einem Top-Entscheidungsträger eines interessanten, potenziellen Kunden. Dieser überlegt, seine eigenen Lkw abzustoßen und für die Transportdienstleistungen zwischen seinen verschiedenen Standorten in Europa einen einzigen Anbieter auszuwählen. Die Bedarfserhebung und einige Beispiel-Kalkulationen haben Sie in den letzten Wochen selbst gemacht, und Sie haben soeben einen konkreten Vorschlag präsentiert. Sie freuen sich darüber, dass Ihr Kunde keine Einwände bringt und rechnen sich gute Chancen auf den Auftrag aus. In Wirklichkeit denkt Ihr Kunde folgendes:

„Hm, heute Nachmittag möchte ich mit Rudi Golf spielen gehen. Jetzt habe ich meine Ausrüstung aber in der Früh zu Hause vergessen. Soll ich sie selber holen oder eventuell jetzt meinen Chauffeur schnell vorbei schicken? Dann spare ich mir etwas Zeit. Andererseits wollte Rudi den Termin noch rückbestätigen, hat bis jetzt aber nicht angerufen …"

Dieser Kunde ist gedanklich überhaupt nicht bei der Sache und wird Sie mit ein paar höflichen Floskeln zu verabschieden versuchen.

Wenn wir nun die vorher erwähnten potenziellen Hintergründe von Einwänden analysieren, kommen wir auf folgende Gruppen: Fehlende Informationen, Missverständnisse und Unklarheiten, andere Vorstellungen/Meinungen.

2.1 Fehlende Informationen

Wenn Sie beim Nachfragen draufkommen, dass Ihrem Kunden Informationen fehlen, dann liefern Sie diese, so gut es geht, nach.

2.2 Missverständnisse und Unklarheiten

Missverständnisse und Unklarheiten sind die häufigste Ursache von Einwänden. Daher noch einmal abklären, ob wir in der Bedarfserhebung den Kunden richtig verstanden haben, und ob er in der Präsentation den Nutzen richtig verstanden hat (MNC-Schleife).

2.3 Andere Vorstellungen/Meinungen

Das sind oft die am schwierigsten zu lösenden Einwände. Dies trifft dann zu, wenn Ihr Kunde einfach eine andere Vorstellung davon hat, wie man sein Problem lösen kann – und zwar eine Vorstellung, die Sie ihm nicht bieten können. Angenommen, Sie verkaufen ein serviceintensives Investitionsgut (beispielsweise eine Foliendruckmaschine), und Ihr potenzieller Kunde sitzt im Raum Düsseldorf. Ihre Firmenzentrale und der nächste Servicestützpunkt sind allerdings in Frankfurt. Der Kunde bemängelt (hat den „Einwand"), dass Ihr Mitbewerber eine Serviceniederlassung in 10 km Entfernung vom Kundenstandort betreibt. Das muss nicht unbedingt eine Bedingung sein (siehe oben), aber es ist doch ein Einwand, den Sie nicht so einfach lösen können.

In solchen Fällen hilft meistens nur das sogenannte „Aufwiegen". Wenn Sie Ihrem Kunden weitere andere Vorteile und Nutzen bieten, die für ihn relevant sind, dann können Sie diese ins Treffen führen, und idealerweise werden Sie den kleinen Nachteil des weiter entfernten Servicestandorts für den Kunden dadurch aufwiegen.

3. Vorwände

Bei Vorwänden handelt es sich um vorgeschobene Einwände. In Wirklichkeit steht hinter dieser „Wand" jedoch etwas anderes.

Beispiel

Ein Einkäufer sagt, dass er alleine nicht entscheiden kann und die Zustimmung des Geschäftsführers benötigt.

So – ist das nun ein Einwand oder ein Vorwand? Die Antwort lautet: Es kann beides sein. Es kann nämlich tatsächlich so sein, dass der Einkäufer mit dem Geschäftsführer diese große Anschaffung bespricht. Es kann aber auch sein, dass der Einkäufer sich mit seinem bestehenden Lieferanten noch einmal besprechen will, damit der sein Angebot nachbessert. Manche werden sich jetzt fragen: „Wozu die lange Erklärung? Was soll's, der Unterschied ist doch nicht so wichtig."

Wie wichtig es ist, zu wissen, ob es sich nur um einen Vorwand oder um einen echten Einwand handelt, erkennen wir dann, wenn wir das Gespräch weiter führen. Nehmen wir einmal an, es handelt sich um einen Vorwand (der Kunde will nicht wirklich mit dem Eigentümer sprechen, sondern mit seinem Haus- und Hoflieferanten). Sie gehen aber davon aus, dass es sich um einen Einwand handelt und werden als guter Verkäufer z.b. folgendes tun: Sie versuchen, sich in das Gespräch mit dem Eigentümer hinein zu reklamieren. In etwa mit folgender Begründung: „Sie können mich für das Gespräch mit dem Eigentümer gerne beiziehen. Das spart Ihnen beiden Zeit, weil ich auftretende Fragen dann gleich beantworten kann." Ihr Kunde wird sich jetzt winden und weitere Ausflüchte finden: „Der Eigentümer will das nicht" oder „Den erreiche ich jetzt nicht" etc. Weil er ja nicht zugeben will/kann, dass er in Wirklichkeit eine andere Strategie verfolgt. Als Verkäufer holen wir uns in so einer Situation ein Frusterlebnis, weil unsere gut gemeinte Einwand-Lösung nicht funktioniert und wir sozusagen „leere Kilometer" machen.

Nun möchten wir Ihnen drei Strategien vorstellen, die Ihnen möglicherweise neue bzw. weitere Handlungsoptionen eröffnen werden.

3.1 Strategie 1: Einwandvorwegnahme

Gute Verkäufer wissen, dass wir schon vor dem Gespräch 70% der potenziellen Einwände von Kunden kennen. Und weil das so ist, bringen wir den Einwand selbst. Denn damit stellen wir sicher, dass ihn der Kunde nicht bringen kann.

Gleich ein Beispiel

Mit unserem TriStream®-Lernprogramm zählt VBC nicht nur qualitativ, sondern auch preislich zu den Premium-Anbietern dieser Branche. Wissend, dass Kunden den Preis als potenziellen Einwand anführen könnten, wäre ein VBC-Berater gut beraten, folgende

Einwandvorwegnahme anzubieten. „Das TriStream®-Programm ist keine Billigmaßnahme. Hier rechnen Sie bitte mit einer ordentlichen Investition für Ihren Verkaufserfolg!"

Ein anderes Beispiel

Ein Tesla-Verkäufer hört immer wieder den kritischen Kundeneinwand, dass es noch zu wenige Power-E-Tankstellen im deutschsprachigen Europa gäbe. Der Tesla-Verkäufer bringt also folgende Einwandvorwegnahme: „Das E-Tankstellennetz ist natürlich nicht annähernd so dicht ausgebaut wie das der Mineralölwirtschaft. Aus diesem Grunde zeigt Ihnen das Navigationssystem auf der von Ihnen eingegebenen Strecke exakt alle Powerstationen an. Mit der Laufleistung der neuen Akkusysteme sind Sie damit in ganz Europa auf der sicheren Seite."

Überlegen Sie sich jetzt für zwei bis drei der häufigsten Einwände Ihrer Kunden eine smarte Einwandvorwegnahme – und am besten tun Sie's gleich!

3.2 Strategie 2: Vorwände von Einwänden unterscheiden

Viele Verkäufer verschwenden eine Menge Zeit damit, mit ihren Kunden über kritische Aspekte oder vermeintliche Einwände zu reden. Oft entsteht in dieser Phase eine ungute Gesprächssituation, welche die Beziehung zwischen den beiden belasten kann. Am schlimmsten ist es, wenn Verkäufer ihr ganzes Argumentationsrepertoire auspacken und gegen Kundeneinwände argumentieren. In diesem Fall kann man wirklich sagen:

Wer argumentiert, verliert!

Bei einem solchen Diskurs gibt es auch keinen Gewinner – und wenn es einen geben sollte, gibt es auch einen Verlierer! Weder wir als Verkäufer noch unser Kunde werden sich in dieser Rolle wohlfühlen. Das gilt es also auf jeden Fall zu vermeiden. Wir empfehlen daher, eine Methode anzuwenden, mit der man sehr sicher und in kurzer Zeit einen echten Kundeneinwand von einem Vorwand unterscheiden kann.

Diese Methode nennen wir „**Auspendeln**".

4. Auspendeln

Dies ist ein Messinstrument, mit dem Sie den Unterschied zwischen Einwand und Vorwand rasch und sicher herausfinden. Die Technik wird von verschiedenen Autoren beschrieben und ist eines der mächtigsten Werkzeuge im Instrumentarium von Profiverkäufern.

Aber Achtung! Es handelt sich lediglich um ein Messinstrument – ähnlich einem Meterstab oder einer Wasserwaage. Mit einem Meterstab können Sie keine Löcher in die Decke bohren und auch keine Vorhangstange montieren. Sie können aber abmessen, wo Sie die Löcher haben wollen und wie lange die Vorhangstange sein soll. Mit anderen Worten: Mit dem Messinstrument des Auspendelns können Sie keine Einwände lösen, sondern lediglich herausfinden, ob es sich um einen Einwand oder Vorwand handelt. Danach richten Sie Ihre weitere Gesprächsverlaufsstrategie aus.

Auspendeln funktioniert in drei Schritten:

1. Nehmen Sie den Einwand/Vorwand an und zeigen Sie Verständnis.

2. **Wiederholen** Sie die Kundenaussage möglichst wortwörtlich (ohne Wertung, ohne Interpretation).

3. **Stellen Sie eine nutzenorientierte Frage** zu einem anderen Punkt (eben nicht zum Einwand, aber natürlich zum besprochenen Projekt).

Wenn der Kunde erneut mit dem Einwand wiederkommt, dann zeigt Ihr Messinstrument einen echten Einwand an. Bringt der Kunde den vorher genannten Einwand nicht mehr wieder, so handelt es sich um einen Vorwand.

Praxisbeispiel

Angenommen, Sie sind Außendienstmitarbeiter einer bekannten, großen Kaffeerösterei und verkaufen Ihren hochwertigen Markenkaffee samt Maschinen, Geschirr, Einschulung und Zubehör an Gastronomiebetriebe. Sie haben in einem namhaften Hotel bei einer Blindverkostung mit Küchenchef, Serviceleiterin und Geschäftsführer den dort seit Jahren angebotenen Kaffee geschmacklich bei weitem übertroffen. Jetzt sitzen Sie mit dem Einkaufsleiter zusammen, dem Sie ein attraktives Gesamtpaket inklusive Maschinen, Einschulung und speziell für das Hotel bedruckten Designer-Espressotassen geschnürt haben. Ihr Kunde sagt: „Mir persönlich gefällt Ihr Angebot recht gut, aber bevor wir umstellen, möchte ich noch einmal mit dem Eigentümer Rücksprache halten."

Die Frage ist: Handelt es sich jetzt um einen Einwand, also einen kritischen Aspekt, den wir lösen müssen, um ins Geschäft zu kommen – oder handelt es sich lediglich um einen Vorwand, den wir nicht auflösen müssen, weil etwas ganz anderes dahintersteckt?

Und nun die Auspendeltechnik in drei Phasen.

Auspendelphase 1:

Verkäufer: „Ich verstehe, Herr Widena, Sie sagen, …"

Auspendelphase 2:

„… Ihnen gefällt die Sache recht gut und Sie wollen mit dem Eigentümer Rücksprache halten." In dieser Phase empfiehlt es sich, die Ausdrücke des Kunden wortwörtlich zu wiederholen und nicht zu paraphrasieren.

Achtung: Jetzt machen Sie eine kurze Pause mit gutem, freundlichem Blickkontakt, sodass der Kunde seinen eigenen Einwand abnicken oder sogar verbal „Ja" dazu sagen kann. Warten Sie auf jeden Fall dieses Abnicken ab – das kann einige wenige Augenblicke dauern.

Auspendelphase 3:

Verkäufer: „Was sagen Sie zu den speziell für Sie designten Espresso-Tassen?"

Bei einem echten Einwand würde der Kunde in etwa wie folgt antworten:

Kunde: „Ja, ja, die Tassen finde ich sehr schön, aber ich bespreche mich bei so grundsätzlichen Entscheidungen immer mit dem Eigentümer."

In dem Fall ist es durchaus sinnvoll, dass Sie jetzt, wie vorher beschrieben, versuchen, den Einwand zu behandeln und möglicherweise ein gemeinsames Gespräch mit dem Eigentümer suchen.

War es jedoch nur ein Vorwand, klingt die Antwort des Kunden in etwa so:

Kunde: „Ja, die Tassen gefallen mir sehr gut. Sie sind auch bei unserem Serviceleiter gut angekommen. Ist dieses spezielle Design dann auch für unsere Industriespülmaschinen geeignet?"

Der Kunde ist jetzt nicht mehr mit dem ursprünglichen Einwand/Vorwand gekommen, und Ihr Messinstrument sagt daher, dass es sich um einen Vorwand gehandelt hat.

In diesem Fall haben wir die Sache zwar noch nicht gelöst, wir haben ja nur ausgemessen. Aber wir wissen, dass es sich nicht um einen Einwand handelt und kümmern uns nicht mehr darum. Das heißt, wir arbeiten weiter in Richtung Abschluss. Am besten tun wir das, indem wir weitere Fragen in Richtung Verkaufsabschluss stellen und unserem Kunden dabei helfen, seine richtige Kaufentscheidung zu treffen. Ob wir dabei herausfinden, was hinter der Wand (Vorwand) steht, ist zweitrangig.

Wenn Sie dieses geniale Instrument in Ihrer Praxis anwenden wollen, so beginnen Sie am besten sofort damit. Pendeln Sie sicherheitshalber alle möglichen Einwände aus. Auch Einwände, bei denen Sie von vornherein wissen, dass es sich um einen Einwand oder Vorwand handelt. Dadurch bekommen Sie mehr Übung mit dem Messinstrument. So können Sie gleich überprüfen, ob Ihre Vermutung stimmt oder nicht. Für den Kunden ist es einerlei. Er merkt ja nicht, dass seine Aussage gerade „ausgemessen" wird, sondern er hat mit Ihnen ein angenehmes Gespräch. Ein paar Sekunden Auspendeln sind auf jeden Fall gut investierte Zeit.

5. Einwände lösen

Wir haben jetzt gelernt, Bedingungen von Einwänden und Vorwänden zu unterscheiden. Und dann mittels Auspendeln herauszufinden, ob es sich um einen Einwand oder einen Vorwand handelt. Wenn das Auspendeln ergeben hat, dass es sich bei der Kundenaussage um einen echten Einwand handelt, dann sollten wir diesen in den meisten Fällen auch lösen.

Oft wird auch von „Einwandbehandlung" gesprochen. Das bedeutet meistens dasselbe, aber „Behandlung" klingt so, als sei ein Einwand eine Krankheit, die er ja nicht ist. Wenn Sie sich ein paar Minuten Zeit nehmen und die Einwände, mit denen Sie in Ihrer Praxis konfrontiert werden, aufschreiben, werden Sie feststellen, dass es sich um keine allzu große Anzahl handelt. Wenn man alle Bedingungen abzieht und nur die echten Einwände (die ja meistens auch Vorwände sein können) ansieht, dann ist es meistens nur noch eine Zahl zwischen fünf und zehn. Ziehen Sie dann noch diejenigen ab, bei denen es sich um das Resultat fehlender Informationen, Missverständnisse und Unklarheiten handelt, bleiben meist nicht mehr so viele Einwände übrig. Das sind dann allerdings oft Einwände, die – in den Augen unseres Kunden – „echte Nachteile" gegenüber dem Mitbewerber bedeuten. Wie vorher bereits erwähnt, können wir in so einem Fall meist nur diesen einen „echten Nachteil" mit unseren vielen Vorteilen und Nutzen für den Kunden aufwiegen. Für die Einwandlösung oder Einwandbehandlung gibt es folgende Schritte; die ersten beiden kennen Sie schon vom Auspendeln:

1. **Nehmen Sie den Einwand an** und zeigen Sie Verständnis.
2. **Wiederholen Sie die Kundenaussage** möglichst wortwörtlich (ohne Wertung, ohne Interpretation).
3. **Isolieren Sie den Einwand** und hinterfragen Sie ihn (finden Sie heraus, ob es sich um ein Missverständnis, fehlende Informationen oder andere Vorstellungen/Meinungen handelt).
4. **Lösen Sie den Einwand** (Ihr Vorschlag, den Sie für diesen Einwand idealerweise bereits vorbereitet haben).
5. **Checken Sie ab**, ob der Kunde mit der Lösung einverstanden ist.

Praxisbeispiel

Sie sind jetzt einmal Versicherungs-Verkäufer. Ihr potenzieller Kunde, Herr Berger, der Fuhrparkleiter eines mittelständischen Unternehmens, ist dabei, neue Vollkasko-Versicherungspolizzen für die 120 Dienstautos einzukaufen. Es gab bereits eine kleine, nicht öffentliche Ausschreibung und der Fuhrparkleiter sitzt mit den Repräsentanten der drei Finalisten zusammen (heute also mit Ihnen).

Kunde: „Ihr Angebot gefällt mir recht gut, und Ihr Unternehmen hat grundsätzlich einen guten Ruf bei uns. Die Konditionen und Rahmenbedingungen sind soweit o.k., aber Ihr Selbstbehalt ist fast doppelt so hoch wie bei einem der anderen beiden Finalisten."

Einwandlösung Phase 1:

Sie: „Mhm …, ich verstehe, …"

Einwandlösung Phase 2:

Sie: „… unser Angebot gefällt Ihnen und unsere Selbstbehalte sind fast doppelt so hoch wie bei einem der anderen Anbieter."

(Kurze Pause machen mit gutem Blickkontakt, bis Herr Berger seinen eigenen Einwand abnickt oder „Ja" dazu sagt.)

Einwandlösung Phase 3:

Sie: „Verstehe ich Sie richtig, Herr Berger, dass außer den etwas höheren Selbstbehalten nichts mehr gegen unser Angebot spricht?"

(Kunde nickt wieder oder bejaht die Frage.)

Einwandlösung Phase 4:

Sie: „Sehen Sie, wir haben bewusst etwas höhere Selbstbehalte gewählt, damit wir die Prämien noch günstiger anbieten können als vergleichbare Qualitätsversicherer. Andere Kunden mit einem ähnlichen Fuhrpark wie Sie haben mit einer Betriebsvereinbarung die Selbstbehalte zum Teil oder zur Gänze an die entsprechenden Mitarbeiter ausgelagert. Das hat dazu geführt, dass nachweislich noch weniger Schäden entstanden sind und wir in weiterer Folge die Prämien sogar noch weiter reduzieren konnten."

Einwandlösung Phase 5 (checken):

Sie: „Was halten Sie davon?" oder: „Wie hört sich das für Sie an?"

Mit einer guten Einwandlösung oder Einwandbehandlung lässt sich, speziell wenn die Phase 3 des Isolierens und Hinterfragens gut gemacht wird, sehr oft gleich ein Abschluss machen. Achten Sie bei all diesen Formulierungen und Methoden darauf, dass Sie natürlich und authentisch bleiben und Ihre Aussagen wie Plauderei klingen. Sie werden auch erleben, wie sicher und souverän Sie werden, wenn Sie damit etwas Übung erlangen und auch für die häufigsten Einwände schon Lösungen bereit haben. Auch hier gilt die im 5. Kapitel erwähnte Empfehlung, möglichst mehr als jeweils eine Variante pro Standardeinwand bereit zu haben.

Stufe 7: Abschluss

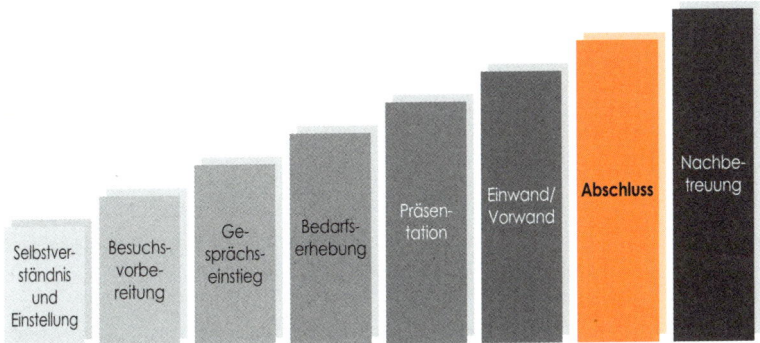

Abb. 16

Nach einer guten Präsentation und dem richtigen Umgang mit Bedingungen, Einwänden und Vorwänden kommen wir jetzt zum Verkaufsabschluss. Das Wort an sich ist etwas irreführend, weil es nach „wegsperren" oder „zusperren" klingt. In Wirklichkeit ist der Verkaufsabschluss – speziell, wenn der Kunde das erste Mal bei uns kauft – die Eröffnung der Kundenbeziehung. Es gibt Hunderte verschiedene Abschlusstechniken in der Verkaufsliteratur und in der Praxis. Die sieben erfolgreichsten können Sie in meinem Buch „Kundensignale erkennen – Verkaufschancen nützen" nachlesen (siehe Literatur). Im vorliegenden Buch beschränken wir uns daher auf die wichtigsten Erfolgshebel für den Verkaufsabschluss. Wenn Sie diese Hebel kennen und richtig einsetzen, werden Sie bereits überdurchschnittlich erfolgreich sein, ohne „bewusst" eine bestimmte Abschlusstechnik zu verwenden.

Bevor ich auf diese Erfolgshebel einzeln eingehe, jedoch noch ein kleiner Ausflug in die Neurowissenschaft.

1. Emotion versus Ratio

Wann immer Verhaltensforscher, Kommunikationswissenschaftler und Verkaufsexperten Untersuchungen zum Kaufverhalten machen, zeigt es sich, dass wir Menschen unsere Kaufentscheidungen zu einem überwiegenden Teil auf der emotionalen Ebene fällen. Dabei variieren die Quoten zwischen circa 80% und bis zu 93% (Dr. Kurt Glücksburg, Liechtenstein). Obwohl diese Tatsache schon länger bekannt ist, sickert ihre praktische Konsequenz nur sehr langsam in unsere Köpfe und unsere tägliche Arbeit im Verkauf ein. Wenn nämlich nur 7% bis maximal 20% des Entscheidungseinflusses auf der Sachebene basieren, verlieren Aspekte wie Preis, technische Daten, spezifische Merkmale, Größe, Gewicht etc. massiv an Bedeutung. Natürlich sollten der Preis innerhalb einer gewissen Bandbreite, die technischen Daten brauchbar und die spezifischen Merkmale funktional sein. Doch die Produkte ähneln sich ja ohnehin immer mehr, und über reine Produktmerkmale können wir uns ja in der Praxis immer seltener vom Mitbewerb unterscheiden.

Neurowissenschaftler behaupten nun sogar, dass all diese oben angeführten Studien gar nicht mehr stimmen, dass nämlich Kunden ihre Kaufentscheidungen zu 100% emotional treffen. Auf jeden Fall ist jeder rationalen Entscheidung ein emotionaler Impuls vorgelagert. Populärwissenschaftlich ausgedrückt könnte man auch sagen, es gilt, den emotionalen Knopf im Kopf des Kunden zu finden.

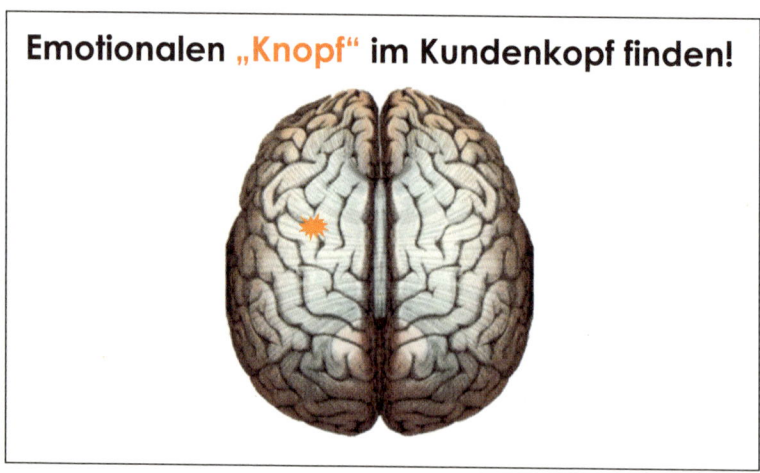

Abb. 17

Emotionale Kaufentscheidungsgründe können sein: Gefühle, Düfte, Stimmung, Farben und Formen, bisher Erlebtes (im Unterbewusstsein abgespeichert), die Beziehung zum Verkäufer oder zu dessen Unternehmen etc.

! Praxistipp

Stellen wir uns vor, während und nach dem Verkaufsgespräch folgende Fragen:

- Wie wohl fühlt sich mein Kunde?
- Wie entspannt ist mein Kunde?
- Wie sehr scheint mein Kunde mir zu vertrauen?
- Welche Gefühle löst mein Angebot/Vorschlag bei ihm aus?
- Wie sicher wirkt mein Kunde?

2. Glückshormone als Ihr persönlicher Verkaufsturbo

Exzellente Verkäufer beherrschen die Technik, Glückshormone (Dopamin) selbst zu generieren. Also ganz legal und ohne verbotene Drogen. Wie können wir uns nun in einen solchen Zustand bringen?

2.1 Herausfordernde Tätigkeit

Die Basis dafür ist, einer herausfordernden Tätigkeit nachzugehen. Eine Voraussetzung, die wir als Außendienstverkäufer bzw. Key-Account-Manager ja auf jeden Fall erfüllen.

2.2 Ziele und Feedback

Wie jeder Spitzensportler benötigen auch wir Spitzenverkäufer Ziele, um Großes zu erreichen.

Große Ziele bringen große Ergebnisse, kleine Ziele kleine. Bleiben Sie jedoch auf jeden Fall realistisch! Entscheidend dabei ist, regelmäßig Feedback zu bekommen – am besten extern, z.B. von unserem Vorgesetzten. Wenn wir diese Möglichkeit nicht haben, holen wir uns unser Feedback eben aus unserer Auftrags- oder Umsatzstatistik: Wo stehen wir aktuell in Bezug zu unseren Zielen? Tun Sie das bitte regelmäßig das ganze Jahr über.

2.3 Mehr erreichen wollen

Es geht um „Lust auf Leistung". Kennen Sie das Gefühl, wenn Sie Ihre Ziele oder Vorgaben deutlich überschritten haben? Nichts macht Sie erfolgreicher als Erfolg! Und Kunden kaufen einfach gerne bei „Winner-Typen"!

2.4 Fortschritt sichtbar machen

Ein Tischlermeister hat's gut: Wenn er mit seinem Möbelstück fertig ist, dann steht das Ergebnis seiner Bemühungen vor ihm. Auch Friseurinnen haben es gut. Sie sehen viele glückliche Gesichter, wenn ihre Kunden und Kundinnen frisch frisiert und geschnitten ihren Salon verlassen. Und auch Gärtner haben die Befriedigung, nach ihrem Baumschnitt im Garten oder dem Verlegen des neuen Rollrasens ein prachtvolles Ergebnis bewundern zu können.

Wir Verkäufer haben es da etwas schwerer, unsere Fortschritte sichtbar zu machen. Die Möglichkeit, den Vergleich zu unserem Umsatzbudget zu visualisieren, haben wir schon besprochen. Richtig gut funktioniert auch das Führen eines Erfolgstagebuches. Dort schreiben wir täglich unsere kleineren und größeren Erfolge hinein, beruflich wie privat. Unser Unterbewusstsein kann weder zwischen privat und beruflich noch zwischen kleinen und großen Erfolgen unterscheiden. Allerdings ist unser Unterbewusstsein träge. Es genügt also nicht, zwei oder drei Tage lang die Erfolge zu notieren – da werden Sie noch keinen Unterschied erkennen. Verhaltenspsychologen sagen, dass Sie mindestens drei Wochen lang, also mindestens 21 Tage am Stück, jeden Tag Ihre Erfolge notieren sollten. Ab der vierten Woche wachen Sie in der Früh auf und Ihr Unterbewusstes beginnt bereits die Frage zu beantworten, welche Erfolge am kommenden Abend ins Erfolgstagebuch eingetragen werden. Im Sinne der selbsterfüllenden Prophezeiung können Sie sich vorstellen, wie sehr das unser Verhalten tagsüber beeinflusst!

2.5 Nur satte Kunden kaufen!

Die Wirtschaftspsychologen Jonathan Levav, damals Professor an der Columbia Business School in New York, und Shai Danziger, damals an der israelischen Ben Gurion Universität, führten 2011 ein vielbeachtetes Experiment durch. Sie untersuchten acht erfahrene Haftentlassungsrichter in Israel und entdeckten Folgendes: Bei über 1.000 betrachteten Bewährungsverhandlungen fielen die Urteile unmittelbar nach einem Snack oder der Mittagspause besonders milde aus. Die Gefangenen konnten in solchen Fällen zu 65% mit einer Entlassung aus dem Gefängnis oder einer Verbesserung ihrer Haftbedingungen rechnen. Das richterliche Wohlwollen fiel danach fortschreitend bis zur nächsten Pause ab. Kurz vor dem Mittagessen erreichte in dem Experiment die Güte der Justiz den absoluten Tiefpunkt – die Richter lehnten in annähernd allen Fällen das Anliegen des Häftlings ab. Nach dem Essen stieg die Rate wieder auf 65%.

Abb. 18

Was bedeutet das für uns Verkäufer? Hungrige Kunden treffen keine positiven Kaufentscheidungen, nur satte Kunden kaufen! Abhängig von Ihren Compliance-Vorschriften empfehlen wir, mit wichtigen Kunden essen zu gehen. Liebe geht durch den Magen! Überlegen Sie selbst, welche Kunden Sie in Ihrer Verkäufer-Karriere zum Essen eingeladen haben und ob diese dann tatsächlich gekauft haben! Sie werden überrascht sein: Die Auftragsquote liegt beinahe bei 100%. Für die Budgetbewussten unter Ihnen noch ein Tipp: Es muss nicht immer ein Mittagessen, es kann auch ein gutes Frühstück sein! Sie sparen dabei oft mehr als 50%.

Besucht Sie Ihr Kunde in Ihrem Büro, haben Sie den Keksteller klarerweise vorbereitet. Wie Sie das bei Ihren Außendienstbesuchen machen, überlassen wir ganz Ihnen.

3. Kaufsignale

Wenn ein Kunde gedanklich bereits mit der Kaufentscheidung liebäugelt, können wir das meist in Form von Kaufsignalen beobachten. Diese Signale sind oft sehr subtil, und es liegt an uns Profiverkäufern, unsere Sinne – hauptsächlich das Sehen und Hören – dafür zu schärfen. Mit einem sensiblen Gespür ausgestattet, können wir diese oft ganz unterschwelligen Signale besser erkennen und leichter richtig deuten. Dabei unterscheiden wir zwischen sprachlichen und nicht sprachlichen Kaufsignalen. Dazu einige Beispiele:

Nicht sprachliche (nonverbale) Kaufsignale:

• Der Kunde nickt bei bestimmten Argumenten, die ihn betreffen.

• Die Gestik des Kunden unterstreicht die Aussagen des Verkäufers im positiven Sinn.

• Die Körpersprache ist harmonisch mit der des Verkäufers.

• Der Kunde greift nach Mustern oder Unterlagen.

• Der Kunde verändert seine Sitzposition (rückt näher heran).

Sprachliche (verbale) Kaufsignale:

• Der Kunde unterstreicht die Aussagen des Verkäufers („Da haben Sie Recht, das sehe ich auch so.").

• Der Kunde stellt z.B. Fragen zu bereits besprochenen Punkten.

• Der Kunde stellt Fragen nach Einzelheiten zur Produkt- oder Serviceanwendung.

• Der Kunde stellt Fragen zu Lieferzeit und Konditionen.

• Der Kunde fragt nach Fürsprechern (Testzertifikate, Referenzen o.ä.).

• Der Kunde erwähnt eine persönliche Empfehlung (z.B. „Ja, diese Lösung wurde mir bereits von einem Kollegen im Marketingclub empfohlen.").

• Fragen nach dem Danach (wenn der Kunde in seiner gedanklichen Welt bereits in der Zukunft ist und in dieser Zukunft unser Produkt oder Service verwendet).

• Auch Fragen nach dem Motto: „Wie würden Sie entscheiden?" sind starke verbale Signale.

Wenn Sie also körpersprachliche oder sprachliche Kaufsignale Ihres Kunden empfangen, dann können Sie bereits einen Abschlussversuch unternehmen. Lassen Sie sich und Ihrem Kunden dabei aber Zeit und sorgen Sie für eine entspannte Atmosphäre. Verstärken Sie zuerst den Kunden in seiner emotionalen Befindlichkeit oder – bei sprachlichen Verkaufssignalen – bestätigen Sie seine Aussagen im positiven Sinne.

Am Kapitelanfang haben wir Ihnen die wichtigsten Erfolgshebel für den Verkaufsabschluss versprochen. Und hier sind sie auch schon.

4. Erster Erfolgshebel: Verkaufsabschluss vorwegnehmen

Damit meinen wir, dass Profiverkäufer die Kaufentscheidung innerlich (emotional) bereits für den Kunden fällen, bevor sie den ersten Abschlussversuch machen. Das heißt, wir kommen mit unserem guten Fachwissen und einer soliden Bedarfserhebung, nach bestem Wissen und Gewissen für uns zum Schluss, dass diese Entscheidung, die wir jetzt dem Kunden vorschlagen, die absolut beste für ihn ist. Wir sagen innerlich bereits „Ja" zum Verkaufsabschluss. Wenn wir innerlich Zweifel haben und der Meinung sind, dass unser Angebot vielleicht nicht optimal passt oder der Preis des Mitbewerbers sicher niedriger ist und wir als Kunden auch beim Mitbewerber kaufen würden, haben wir sehr schlechte Karten.

Allerdings können wir nicht bereits mit der Einstellung, dass der Kunde genau diese Kaufentscheidung fällen wird, zum Kunden gehen, solange wir keine Bedarfserhebung gemacht haben. Wir gehen also durch die einzelnen Stufen des Verkaufsprozesses (von 1 bis 6) und fällen dann – in der Stufe 4 oder 5 – bereits innerlich die Entscheidung. Und wenn wir uns unserer Sache sicher, also selbst davon überzeugt sind, dann können wir diese Sicherheit ausstrahlen. Wer nicht zumindest die Sicherheit oder besser noch das Feuer der Begeisterung in sich trägt, wird andere nicht damit anstecken können. Wer nicht brennt, kann nicht entzünden!

5. Zweiter Erfolgshebel: Nach dem Auftrag fragen

Das klingt banal und ist es an sich auch. Zumindest auf den ersten Blick. Denn Studien zeigen immer wieder, dass sieben bis acht von zehn Verkäufern nicht nach dem Auftrag fragen, sondern geduldig warten, bis der Kunde von selbst sagt: „Ich will das kaufen." Dieses „Selbst-nicht-fragen-Wollen" hat als Hintergrund meist die Angst vor dem „Nein". Solange der Kunde und wir uns gut unterhalten und wir nicht nach dem Auftrag fragen, kann nichts passieren. Diese Einstellung ist an sich verständlich, jedoch für den Verkaufsabschluss kontraproduktiv.

Die Angst vor dem „Nein" können wir uns dadurch nehmen, dass wir uns vor Augen halten, dass der Kunde nicht „Nein" zu uns als Person oder zu unserer Firma sagt. Der Kunde sagt nur „Nein" zum jetzigen Vorschlag unter den jetzigen Bedingungen. Das heißt, bei einem „Nein" ist nicht alles verloren und es geht nicht darum, den Kunden dann von seinem „Nein" auf ein „Ja" umzustimmen. Besser, wir akzeptieren das „Nein" und machen dem Kunden einen neuen Vorschlag unter anderen Voraussetzungen, z.b. ein anderes Produkt oder eine andere Kombination, zu denen der Kunde eine neue Entscheidung fällen kann.

Niemand revidiert gern seine Entscheidungen innerhalb von wenigen Minuten, aber eine neue Entscheidung unter neuen Gesichtspunkten ist für jeden o.k.

Zusammengefasst: Der zweite Erfolgshebel ist, die Frage nach dem Auftrag zu stellen.

Dabei ist es wichtig, Kaufsignale, die vom Kunden in Frageform gestellt werden – z.b. „Wann können Sie liefern?" oder „Welches Zahlungsziel bekomme ich?" etc. – nicht zu beantworten, sondern mit einer Gegenfrage zu kontern. Antworten wir darauf, nimmt dies der Kunde zur Kenntnis. Fragen wir unseren Kunden, so trifft er eine Entscheidung. Und genau das wollen wir ja. Mehr dazu in ganz vielen Beispielen entnehmen Sie dem Buch „Kundensignale erkennen und Verkaufschancen nutzen".

6. Dritter Erfolgshebel: Halt's Maul!

Das klingt ebenso banal wie „Fragen stellen", ist aber in der Praxis oft unglaublich schwierig und für manche Verkäufer fast unmöglich.

Praxisbeispiel

Kunde: „Das klingt ja alles recht vielversprechend, aber wir müssten die Lieferung unbedingt noch vor Monatsende in unserem Zentrallager haben."

Verkäufer: „Ich verstehe. Also wenn wir es schaffen könnten, noch vor Monatsende an Ihr Zentrallager zu liefern, würden Sie mir heute den Auftrag gleich mitgeben?" (die Abschlussfrage!)

Jetzt entsteht eine Pause. Der Kunde blickt entweder starr vor sich hin und durch den Verkäufer durch, oder seine Augen bewegen sich in verschiedene Richtungen. Lesen wir, was weiter passiert:

Verkäufer: „Tja, weil nämlich, wir könnten dann die Werbekampagne gleich ausnützen, und Sie würden dadurch wie gesagt sicher mehr verkaufen können, bla bla bla."

Dadurch wird der Kunde jetzt aus seiner Konzentration gerissen. Wenn unser Verkäufer es aber schafft, nach der Abschlussfrage einfach zu schweigen und ein freundliches Gesicht zu machen, kann der Kunde ungestört nachdenken und kommt viel eher zu einer positiven Entscheidung.

Der dritte Erfolgshebel ist also: Nach der Abschlussfrage unbedingt schweigen, auch wenn es noch so schwerfällt. Sie werden sehen, es fällt Ihnen viel leichter, zu schweigen, wenn Sie innerlich die Entscheidung bereits getroffen haben (siehe erster Erfolgshebel).

7. Empfehlungen

Spätestens an dieser Stelle sind ein paar Gedanken zum oft stark unterschätzten, meines Erachtens jedoch mächtigsten Neukundengenerator angebracht: der persönlichen Empfehlung. Wenn Sie das Glück haben, vor lauter Kundenanfragen nicht zu wissen, wo Ihnen der Kopf steht, dann können Sie diesen Teil getrost überspringen. Sind Sie aber an neuen Kunden interessiert, dann rate ich Ihnen wärmstens zur Empfehlung. Jeder, der schon einmal versucht hat, Kunden kalt zu akquirieren – also noch unbekannte Kunden entweder telefonisch oder persönlich zu kontaktieren –, weiß, wie aufwändig und teilweise frustrierend diese Arbeit sein kann. Andere Methoden, um an Neukunden – oft auch „Leads" genannt – zu kommen, werden meist von der Marketingabteilung initiiert und kosten recht viel Geld. Dabei geht es um klassische Werbung, um Direkt-Marketing, um Auftritte bei Messen und Veranstaltungen, Incoming-Anfragen auf Ihrer Homepage, Social-Media-Kontakte, Marketing-Seminare etc.

Durch aktives „Empfehlungsverkaufen" können Sie Ihre Neukundenpipeline füllen, und zwar ohne einen zusätzlichen Cent investieren zu müssen. Am erfolgreichsten funktioniert das Generieren von Empfehlungen in zwei Phasen: dem Säen und dem Ernten.

7.1 Empfehlungen säen

Machen Sie es sich zur Gewohnheit, bei jedem Neukundengespräch und bei jedem bestehenden Kunden, bei dem Sie es noch nicht getan haben, irgendwann den Samen für eine Empfehlung auszustreuen. Das geht an fast jeder Stelle des 8-Stufen-Prozesses. Ich tue es meistens irgendwo am Beginn der Stufe 4, bei der Bedarfserhebung.

Praxistipp

Angenommen, Sie sitzen bei einem Neukunden und haben den Gesprächseinstieg und den Beziehungsaufbau recht gut bewerkstelligt. Bevor Sie nun mit der Bedarfserhebung beginnen, fragen Sie Ihren Kunden Folgendes:

„Lieber Kunde, angenommen wir kommen zusammen und Sie sind mit unserem Produkt/unserer Dienstleistung zufrieden, sehr zufrieden. Darf ich Sie dann noch einmal ansprechen mit der Frage, ob Sie uns weiterempfehlen würden?"

Manchmal wird Ihr Kunde jetzt sagen: „Das kann ich Ihnen noch nicht sagen – Sie haben ja noch nicht geleistet!"

Worauf Sie antworten können: „Das ist ja ohnehin klar, das wäre ja auch eine Anmaßung. Die Basis für meine Frage, ob Sie uns weiterempfehlen würden, ist natürlich, dass Sie mit unserem Produkt/ unserer Dienstleistung zufrieden sind!"

Darauf bekommen Sie in ganz vielen Fällen ein „Ja!"

Wichtig ist, dass Sie sich nun in Ihrer Kundendatenbank (CRM-System) eine „Säen"-Notiz machen. Damit stellen Sie sicher, dass Sie nach Leistungserbringung an Ihre Erntephase denken werden.

7.2 Die Ernte

Der optimale Zeitpunkt für die Ernte der Empfehlung ist, wenn Ihr Kunde etwas gekauft hat und mit seiner Kaufentscheidung sehr zufrieden ist. Nutzen Sie diese Phase der Begeisterung und warten Sie nicht, bis dieses Gefühl beim Kunden verblasst ist und Ihre Lieferung oder Ihr Service für ihn selbstverständlich geworden sind. Nehmen Sie ein Nachbetreuungsgespräch zum Anlass für die Ernte.

! Praxistipp

Wenn Sie also beim Kunden sitzen, der vor Kurzem gekauft hat und mit seiner Entscheidung zufrieden ist und Ihnen das gerade im Gespräch bestätigt hat, sagen Sie in etwa Folgendes:

Sie: „Lieber Kunde, es freut mich sehr, dass Sie mit XY so zufrieden sind. Vielleicht erinnern Sie sich noch, was ich vor ein paar Monaten gesagt habe. Bei unserem ersten Gespräch habe ich erwähnt, ich möchte nicht nur, dass Sie nur einmal etwas von uns kaufen, sondern dass Sie wirklich zufrieden sind. So zufrieden, dass Sie mich und meine Leistung auch weiterempfehlen. (Kurze Pause, Augenkontakt, freundliches Gesicht, eventuell leicht nicken.) Wer von Ihren Geschäftsfreunden könnte denn den Vorteil XY genauso gut brauchen wie Sie?" (Jetzt schweigen wie bei der Abschlussfrage.)

Wichtig ist, dass nicht Sie als Verkäufer mit den Interessenten Kontakt aufnehmen, sondern Ihr Empfehlungsgeber! Erst, wenn Sie von Ihrem Empfehlungsgeber grünes Licht haben und sich der Empfehlungsnehmer nicht bei Ihnen meldet, nehmen Sie selbst Kontakt auf.

Machen Sie es sich zur Gewohnheit, über solche Empfehlungen Buch zu führen und dem Empfehlungsgeber später auch ein Feedback zu geben. Die Erfahrung zeigt, dass uns ein Kunde, der zufrieden ist, gerne weiterempfiehlt und dafür auch in den meisten Fällen keine monetäre Zuwendung will. Allerdings ist es gut und professionell, sich beim Empfehlungsgeber zu bedanken und ihn darüber auf dem Laufenden zu halten, was aus der Empfehlung wurde. Wenn der Empfehlungsgeber von Ihnen hört, dass der Empfehlungsnehmer durch Sie jetzt auch einen Zusatznutzen hat und zufrieden ist, wird er sich freuen und Ihnen tendenziell noch weitere Empfehlungen geben.

Unser Tipp ist, einen „Empfehlungsstammbaum" aufzuzeichnen und im Büro oder im Home Office aufzuhängen. Sie nehmen also einen großen Zettel oder eine Flipchart-Seite und schreiben sich auf, wer wen empfohlen hat, mit Verbindungslinien wie bei einem Organigramm. Wenn Sie das konsequent durchführen, werden Sie explosionsartige Verästelungen erleben und Sie können sich von anderen Neukundenakquisitionsformen mehr und mehr verabschieden. Allein die Empfehlungen werden Ihnen ausreichend Neukunden und Geschäft einbringen.

7.3 Einphasige Empfehlungen

Natürlich kann man auch nach einer Empfehlung fragen, ohne vorher gesät zu haben. Das geht auch, wenn der Kunde gar nicht bei uns gekauft hat. Beispielsweise haben Sie ein gutes Gespräch mit einem Kunden und präsentieren ein Angebot, das ihm gut gefällt. Er will oder kann aber aus bestimmten Gründen – z.b. langfristige Verträge mit seinem jetzigen Lieferanten etc. – nicht kaufen. Niemand kann Sie daran hindern, auch hier nach einer Empfehlung zu fragen. Die Erfolgswahrscheinlichkeit ist nicht so groß wie bei der zweiphasigen Variante, aber es ist immer noch preiswerter als jede Neukundenkampagne. Bei all diesen Aktivitäten hilft es, wenn wir uns vor Augen führen, welche Vorteile und Nutzen wir unseren Kunden mit unserem Angebot verschaffen. Das nimmt uns dann die manchmal vorhandene Hemmschwelle, um die Frage nach der Empfehlung auch zu stellen.

Deshalb: Fragen Sie nach dem Auftrag, fragen Sie nach Empfehlungen, trauen Sie sich – und Sie werden unglaublich erfreuliche Dinge erleben!

Stufe 8: Nachbetreuung

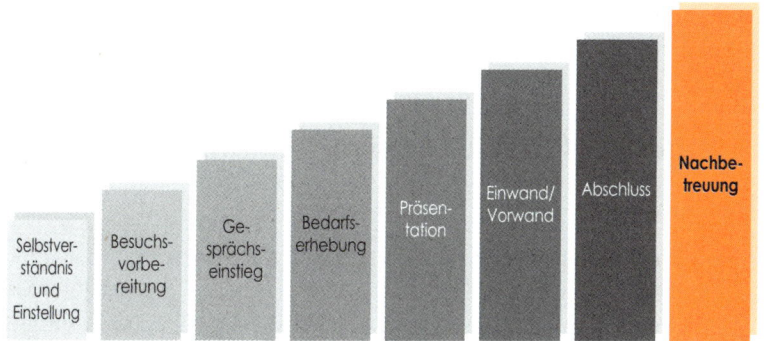

Abb. 19

Zu Beginn des vorigen Kapitels haben wir davon gesprochen, dass der Verkaufsabschluss nicht das Ende, sondern idealerweise den Beginn einer erfolgreichen Lieferanten-Kunden-Beziehung darstellt. Ob das im Einzelfall wirklich so ist, entscheidet sich genau hier in der 8. Stufe, der Nachbetreuung. Hier trennt sich die Spreu vom Weizen: Profiverkäufer sehen es als ihre persönliche Verantwortung an, dafür zu sorgen, dass ihre Kunden nach einem Kauf optimal nachbetreut werden. Nicht in allen Fällen wird das vom Verkäufer persönlich gemacht. Je nach Unternehmen, Produkt und Organisation gibt es eigene Abteilungen oder Teams, die sich darum kümmern. Selbst wenn wir die Nachbetreuung nicht persönlich vornehmen, so sorgen wir idealerweise im Hintergrund dafür, dass alles rund und wie versprochen läuft.

Grundsätzlich halten wir, was wir versprechen. Wenn wir das tun, sind wir schon weit besser als die meisten unserer Wettbewerber. Aus Erfahrung wissen wir, dass wir meist nicht gegen exzellente Verkäufer antreten, sondern in aller Regel lediglich gegen durchschnittliche.

Erinnern Sie sich bitte jetzt an eine Situation, in der Sie selbst in der Kundenrolle waren und eine für Sie wichtige Kaufentscheidung getroffen haben. Wie war in diesem Fall die Nachbetreuung? Haben Sie sich gut und persönlich umsorgt gefühlt, oder hatten Sie den Eindruck: „Jetzt wo ich unterschrieben habe, lässt sich der Verkäufer nicht mehr blicken"? Aus der Verhaltensforschung wissen wir, dass die Tage und ersten Wochen direkt nach dem Kauf entscheidend sind. Denn in dieser Zeit tritt häufig ein bekanntes Phänomen auf: die Nachentscheidungsreue oder Kaufreue.

1. Nachentscheidungsreue/Kaufreue

Praxisbeispiel

Sie haben soeben den Kaufvertrag für Ihren neuen Privat-Pkw unterschrieben. In den letzten Tagen und Wochen davor haben Sie sich intensiv mit diesem Erwerb beschäftigt. Sie haben sich mit gut informierten Kollegen unterhalten, haben einige Testberichte gelesen und sich übers Internet informiert. Der Verkäufer, bei dem Sie jetzt bestellt haben, konnte Ihnen zwar auch keinen besseren Preis machen als sein Mitbewerber, aber Sie hatten einfach ein besseres Gefühl. Sie fühlten sich als Kunde ernst genommen. Aber: Jetzt auf dem Heimweg fahren Sie im langsamen, samstäglichen Stop-and-go-Verkehr durch die Straßen und sehen auf die anderen Autos. Musste es wirklich so ein teurer Wagen sein? Hätte nicht vielleicht ein Jahreswagen genügt? Und was ist mit dem jetzigen Auto? Das hätte es auch noch eine Weile gemacht. Oder überhaupt etwas Kompakteres, jetzt, wo die Kinder bald aus dem Haus sind und wir nicht mehr so viel zu transportieren haben?

Selbst wenn Sie diese Situation noch nicht erlebt haben, können Sie sich sie wahrscheinlich gut vorstellen. Viele Menschen haben das, was Marketingstrategen und Verhaltensforscher Kaufreue oder Nachentscheidungsreue nennen. Dieser Effekt tritt – wie gesagt – in den ersten Tagen und Wochen nach dem Kauf verstärkt auf. In der Autobranche hat man das bereits vor längerer Zeit erkannt und es wurden Akzente gesetzt. Achten Sie einmal auf die ganzseitigen Autoinserate in Zeitungen und Illustrierten. Die Werbeprofis wissen sehr wohl, dass der durchschnittliche Leser nur wenige Augenblicke bei dem Zeitungsinserat innehält. Daher geht es hauptsächlich darum, über die Bildinformation positive Emotionen in Bezug auf die Automarke und das Modell zu generieren. Wenn Sie genauer hinsehen, werden Sie bei manchen Inseraten auffallend viel Text finden. Wenn aber die Werbeprofis wissen, dass der Zeitungsleser nur wenige Sekunden bei dem Inserat verharrt, wozu dann der Text, der in dieser kurzen Zeit niemals gelesen werden kann? Dieser Text ist nicht für neue Kunden gedacht, sondern für Kunden, die soeben gekauft haben. Die lesen den Text Zeile für Zeile und Wort für Wort und lassen sich dadurch in Ihrer Entscheidung „bestätigen". Dies wirkt, mit großzügiger Unterstützung der Werbeabteilung, der Kaufreue entgegen.

1.1 Was können Sie in Ihrer Praxis tun, um Ihre Kunden vor der Kaufreue zu bewahren?

Unmittelbar nach dem Abschluss, solange Sie noch beim Kunden sind, sagen Sie ihm, dass er eine gute Entscheidung getroffen hat, und malen Sie ein positives Bild der Zukunft in den Kopf Ihres Kunden.

Praxisbeispiel

Sie sind Webdesigner und haben soeben beim Chef einer Großbäckerei mit 240 eigenen Filialen den Auftrag für eine komplette Neugestaltung des Internetauftritts erhalten. Sie mussten ziemliche Überzeugungsarbeit leisten, weil Ihr Angebot achtmal so teuer war wie der Vorschlag des Neffen des Firmeneigentümers, der hobbymäßiger HTML-Programmierer ist und der Bäckerei eine selbst gestrickte Billiglösung verkaufen wollte. Nachdem die Sache nun besiegelt ist und Ihr Kunde Ihnen noch in aller Form das Angebot sozusagen als Auftragsbestätigung unterschrieben hat, sagen Sie zu ihm:

„Herr Kumpf, vielen Dank für Ihr Vertrauen und Ihren Auftrag. Sie werden sehen, dass Ihr neuer Internetauftritt nicht nur ideal zu Ihrem Unternehmen und Ihrer Strategie passt, sondern auch Ihr geplantes zukünftiges Wachstum optimal unterstützt."

Sie sehen an der Formulierung, dass es nicht darum geht, noch einmal alle Nutzen zu wiederholen, sondern darum, positive Emotionen zu schaffen und den Kunden in seiner Entscheidung zu bestärken. Um möglichen Zweifeln, die sich in den kommenden Tagen und Wochen bei Ihrem Kunden einschleichen, entgegenzuwirken, können Sie noch die eine oder andere gezielte Maßnahme setzen.

! Praxistipps

Rufen Sie Ihren Kunden mit einer positiven Nachricht an, z.B. der Bestätigung des gewünschten Liefertermins etc. Schicken Sie Ihrem Kunden eine E-Mail mit einer Information, die seine Entscheidung bestätigt, wie bei den Autoinseraten, die im Nachhinein noch einmal die Argumente für den bereits getätigten Kauf liefern (s.o.). Falls Ihr Produkt oder Service geliefert werden müssen, dann seien Sie dabei, oder stellen Sie sicher, dass bei der Lieferung alles klappt.

Besuchen Sie Ihren Kunden auch noch zwei bis drei Wochen nach der Übergabe und stellen Sie sicher, dass er zufrieden ist.

Achtung: Erntezeit für die Empfehlungen – jetzt ist der beste Zeitpunkt dafür!

2. Selbstcheck

Seien Sie Ihr eigener Coach und machen Sie es sich zur Gewohnheit, nach jedem Verkaufsgespräch einen kurzen Selbstcheck abzuhalten. Mit jedem Verkaufsgespräch meine ich auch wirklich jedes und ganz speziell jene, bei denen Sie keinen Abschluss getätigt haben. Wir lernen nämlich mehr aus den Niederlagen als aus den Siegen (mehr dazu im Buch von Heinz Feldmann, „Trotz Fehlern in den Verkaufsolymp", siehe Literatur). Ein Trainerkollege hat mir einmal gesagt:

> **„Nicht jeder Kunde kann dein Freund sein, aber er kann zumindest dein Lehrer sein."**

Das heißt, wir können, selbst wenn wir keinen Erfolg hatten und vielleicht sogar mit dem Kunden schlecht bis gar nicht zurechtgekommen sind, daraus etwas lernen, sofern wir das Gespräch danach kurz analysieren. Die weit verbreitete Methode, Niederlagen möglichst sofort runterzuschlucken und zu vergessen, ist dabei hinderlich. Das heißt nicht, dass wir uns ewig damit aufhalten müssen – ganz im Gegenteil: Wir analysieren das Gespräch, ziehen unsere Lehren daraus und legen es zu den Akten. Das ist meistens in zwei bis drei Minuten erledigt. Die einzige Ausnahme sind Gespräche, die wir noch mit einem Kollegen, Vertrauten, Vorgesetzten etc. nachbesprechen wollen. Für den eigenen Selbstcheck hier eine kurze Checkliste (auch diese finden Sie wieder als Kopiervorlage im Anhang).

2.1 Checkliste: Selbstcheck nach dem Gespräch

- Wie war der Gesprächseinstieg?
- Wie war das „aktive Zuhören"?
- Habe ich mein Ziel erreicht?
- Was habe ich gut gemacht?
- Was kann ich anders machen?
- Wie war meine MNC-Technik?
- Hatte ich die richtigen und ausreichend Fürsprecher?
- Was muss ich jetzt veranlassen?
- Das nächste Gespräch vorbereiten!

Der letzte Punkt in der Checkliste ist als Gedankenstütze gedacht. Der beste Zeitpunkt zum Vorbereiten eines neuerlichen Gesprächs mit dem Kunden ist nämlich jetzt, direkt nach dem Gespräch. Jetzt sind die Eindrücke noch frisch, und wenn Sie sich jetzt die Stichworte notieren oder in Ihre elektronische Datenbank / Ihr CRM-System eintragen, gehen Sie sicher, dass nichts von den wichtigen Informationen verloren geht. Kurz vor dem nächsten Gespräch müssen Sie nur diese Notizen wieder aufrufen oder herausnehmen. Damit wirken Sie bei Ihrem Kunden professionell und sind sofort wieder in einer ausgezeichneten Beziehung mit ihm.

3. KVP – kontinuierlicher Verbesserungsprozess

Exzellente Verkäufer schaffen es, auf eine Meta-Ebene zu gehen. Das heißt, während des Kundendialogs quasi virtuell auszusteigen, sich auf eine höhere Ebene zu begeben und sich selbst und dem Kunden beim Gespräch zuzusehen und zuzuhören. Wie erlernt man diese herausragende Fähigkeit am besten? Idealerweise, indem wir nach jedem Gespräch einen Selbstcheck machen. Diese Art der professionellen Reflexion hilft uns sehr. Jene unter Ihnen, die die Möglichkeit haben, ein Verkaufstraining mit Video zu besuchen, schauen sich bitte die Videoaufnahmen von ihren eigenen Rollenübungen an. Dabei sind Sie genau in dieser Meta-Ebene, Sie sehen sich selbst bei Ihrer Arbeit zu.

Menschen kaufen gerne bei Erfolgreichen! Und dieser Erfolg ist er-lernbar. Das habe ich in meiner gesamten Berufslaufbahn immer wie-der erlebt. Menschen, die diese Erfolgsrezepte in ihre persönliche Ar-beit integrieren, sind damit erfolgreich. Erfolgreicher als die Kollegen, die „eh schon alles wissen" und immer einen „externen" Grund für ihr Versagen oder ihre Durchschnittlichkeit parat haben. Der Unterschied zwischen jenen, die „eh alles wissen" und trotzdem wenig bis gar nichts weiterbringen, und den anderen, die tatsächlich erfolgreich sind, ist nicht etwa ein überdurchschnittlicher Intelligenzquotient oder ein geerbtes „Erfolgs-Gen". Nein, es sind drei einfache Buchsta-ben, die den Unterschied ausmachen:

Das „T", das „U" und das „N". Ja, sie

TUN

das, wovon die anderen nur schwafeln, und sie tun es von ganzem Herzen. Auch auf die Gefahr hin, zu scheitern. Wer nämlich nichts tut, kann auch nicht scheitern. Wer aber das Risiko eingeht und bei jedem Scheitern – frei nach Thomas A. Edison, dem Erfinder der Glühbirne – sagt, „Aha, ein weiterer erfolgreicher Versuch, wie es *nicht* geht!", der wird auch Niederlagen und Rückschläge als das nehmen, was sie sind: wertvolle Lernchancen.

Nützen Sie diese Lernchancen und machen Sie das Allerallerbeste aus Ihren Talenten und Voraussetzungen. In genau derselben Zeit, in der man eine Arbeit oder Tätigkeit halbherzig macht, kann man sie auch mit ganzem Herzen und vollem Einsatz machen. Das bringt nicht nur langfristig mehr Erfolg, es macht auch glücklicher und zufriedener. Und dabei spreche ich nicht von den materiellen Dingen. Die sind in diesem Fall fast nebensächlich. Wirklich zufrieden macht uns eine Tätigkeit, die wir mit Sinn und Hingabe ausführen. Und wenn Sie dann miterleben, wie Ihre Kunden von Ihrer Arbeit profitieren, dann erfüllt Sie Ihr Tun nachhaltig. Und das wünsche ich Ihnen von ganzem Herzen!

Anhang: Checklisten

Auf den folgenden Seiten finden Sie die Checklisten aus dem Buch als jeweils ganzseitige Kopiervorlage. Sie könne die Checklisten auch gratis von unserer Homepage herunterladen: www.vbc.biz

1. Checkliste: Besuchsvorbereitung

Ein Großteil des Verkaufserfolges „passiert" vor dem Gespräch in der professionellen Vorbereitung. Folgende Punkte sind dabei wichtig:

Wer ist mein Kunde (Persönliches):
Wie ist das Umfeld (Institution/Firma, Branche etc.):
Welche Unterlagen/Informationen nehme ich mit:
Gute (Bedarfs-)Fragen:
Was ist mein Besuchsziel:
Was ist mein Alternativziel:
Welche Fragen/Einwände erwarte ich:
Preisargumente (WWW):

2. Checkliste: Gesprächseinstieg

Vorsprung (ein paar Minuten vor dem Termin vor Ort sein):

Innere Haltung:

Blickkontakt und Mimik:

Position (besser uns Eck):

Fester Händedruck:

Unterlagen:

Smalltalk:

Brückensatz – vom Smalltalk zum Businesstalk:

Eigene kurze Vorstellung:

Funktion klären/Visitenkartentausch;

Spiegeln:

Wort-Rapport:

Gemeinsame Interessen:

Positive Anknüpfungspunkte:

3. Checkliste: Für die Vorbereitung einer Verkaufspräsentation

Laptop mit Netzgerät und (idealerweise) vollem Akku, Netzkabel, Stromverlängerung, Stromverteiler
Anschlussadapter prüfen und dabei haben
Vorbereitete Präsentation
Datenprojektor mit Monitorkabel
Präsentation als „Back-up" auf USB-Stick
15 bis 30 Minuten vor Beginn in den Raum: Raum lüften, gegebenenfalls im Meetingraum aufräumen, beschriebene Flipchartblätter und übrige Unterlagen vom „Vorgänger" entfernen
Alles aufbauen und herrichten

4. Checkliste: Selbstcheck nach dem Gespräch

Wie war der Gesprächseinstieg?

Wie war das „aktive Zuhören"?

Habe ich mein Ziel erreicht?

Was habe ich gut gemacht?

Was kann ich anders machen?

Wie war meine MNC-Technik?

Hatte ich die richtigen und ausreichend Fürsprecher?

Nachwort

Wie kann man das alles richtig gut lernen?

Exzellente Verkäufer verfügen nicht nur über ein exzellentes fachliches und verkäuferisches Know-how, sondern beherrschen auch das „How-to-do". Verkaufen ist eine Form von Verhalten und dieses Verhalten hat sich von unserer Geburt an entwickelt. Von der Erziehung über die Schulbildung bis hin zur möglichen universitären Ausbildung oder unseren Arbeitsplätzen und Arbeitskollegen: All das hat uns geprägt und unser Verhalten zu dem geformt, wie es sich heute bei jedem von uns darstellt.

Ihnen vermitteln zu wollen, dass Sie nur ein Buch namens „8 Stufen zum Verkaufserfolg" lesen müssen und Ihr Verhalten sich dann automatisch ändert, würde an Scharlatanerie grenzen. Das kann ich Ihnen nicht versprechen!

Natürlich können Sie mit der nötigen Disziplin und Übung auch allein mit diesem Buch Ihre Ziele erreichen. Wenn Sie jedoch dann wieder auf Ihre Konsequenz vergessen oder sie aus zeitlichen Gründen vernachlässigen müssen, haben wir einen anderen Vorschlag für Sie.

VBC hat ein ausgeklügeltes Lernprogramm entwickelt, das TriStream®-Programm, eine spezielle Art des Blended Learnings. Es geht uns dabei darum, Präsenztrainingseinheiten – der Trainer arbeitet dabei mit Ihnen im Seminarraum – mit persönlichen individuellen Selbstlerneinheiten in den Phasen zwischen den Präsenztrainings zu kombinieren.

Nachdem es keine zwei gleichen Verkäufer gibt, müssen diese Selbstlerneinheiten auch tatsächlich individuell sein, um Ihre persönlichen Stärken zu stärken und Ihre möglichen Potenziale zu fördern. Dazu finden Sie bei uns alle möglichen Lehr- und Lernmittel, vom analogen Buch über Hörbuch, Übungs-CD bis hin zu E-Learning-Kursen und Webinaren. Parallel werden Sie von einem Lerncoach als Tutor begleitet. Dieser steht mit Ihnen im Rahmen der Transferzeit in Kontakt und stellt sicher, dass die Erfolgsfaktoren aus dem Training auch tatsächlich in Ihrer täglichen verkäuferischen Praxis ein- und umgesetzt werden. Am Ende eines solchen Ausbildungsprogramms bieten wir Ihnen einen OTC (Online Transfer Check) an, sozusagen Ihre ultimative Lernerfolgskon-

Nachwort

trolle. All jene, die diesen onlinebasierten Test gut machen, können sich gleich ihr Online-Zertifikat ausdrucken. Bei Interesse freuen wir uns auf Ihre Kontaktaufnahme.

Weiterhin viel Freude am Verkauf und viel Erfolg!

Ihr Niklas Tripolt
tripolt@vbc.at

Literatur

Bauer, Joachim, Warum ich fühle, was du fühlst, Heyne Verlag 2006

Birkenbihl, Vera F., Fragetechnik schnell trainiert, mvg Verlag 2013

Capon, Noel, Praxishandbuch Key-Account-Management: Grundlagen und Instrumente zur Betreuung der wichtigsten Kunden", Campus 2003

Feldmann, Heinz, Preisverhandlungen leicht gemacht, Redline 2005

Feldmann, Heinz, Trotz Fehlern in den Verkaufsolymp, Signum 2003

Harris, Thomas A., Ich bin OK – Du bist OK, Rowohlt 1976

Hierhold, Emil, Verkaufsfaktor P, Ueberreuter 2001

Holzheu, Harry, Wer nicht lächeln kann, macht kein Geschäft, Wirtschaftsverlag Carl Ueberreuter 2003

Hopkins, Tom, Einfach verkaufen, Oesch Verlag 1995

Köhler, Hans-Uwe, Love selling, Metropolitan 2008

Tripolt, Niklas, Kundensignale erkennen – Verkaufschancen nutzen, Signum 2006

Tripolt, Niklas, Luxusgüter professionell verkaufen, Signum 2008

Tripolt, Niklas, Spitzenverkaufserfolge, Motivation in schwieriger Zeit, Signum 2005

Tripolt, Niklas, Topfit im Verkauf, Signum 2009

Verra, Stefan, Die Körpersprache im Verkauf, Signum 2011

Zöllig, Heidi M., Verkaufen durch richtiges Zuhören, Signum 1998

Dank

Das Know-how und die Erfahrungen, die ich in diesem Buch beschrieben habe, entstammen der Arbeit mit mittlerweile über 170.000 VBC-Teilnehmern, bei denen ich mich an dieser Stelle ganz herzlich bedanken möchte. Ebenfalls bedanken möchte ich mich bei unseren Franchisepartnern in Österreich, Deutschland und der Schweiz und den vielen VBC TrainerInnen und AssistenztrainerInnen im deutschsprachigen Europa für ihre wertvollen Tipps und Learnings.

Herzlichen Dank auch an meine Kollegen in der VBC Systemzentrale in Mödling bei Wien, die mir den Rücken frei halten, um solche Buchprojekte überhaupt realisieren zu können.

Ein ganz besonderer Dank geht an meine Familie, meine liebe Frau Alexandra, die ich seit 2004 liebe und die mich seit damals begleitet und inspiriert, und natürlich an meine drei Kinder Valentina, Matteo und Julia. Besonders mit den beiden kleineren – Matteo und Valentina – kann ich immer wieder Verkaufs-Know-how ganz gut brauchen, um in intensiven Gesprächen das Gewinner-Gewinner-Prinzip auch im erzieherischen Kontext zu üben.

Danke!

Ihre Notizen

Ihre Notizen

TRAINIEREN SIE
MIT DEM BESTEN!

☑ FELIX GOTTWALD

Als Nordischer Kombinierer avancierte Felix Gottwald zu Österreichs erfolgreichstem Olympiasportler. Jetzt zählt er zu den gefragtesten Experten für mentale Kompetenz in der Wirtschaft, ist Athlete Rolemodel des IOC, Botschafter von Laureus und Ihr Trainer und Coach, wenn es um das eine Prozent geht, das die paar Exzellenten unter vielen Guten ausmacht.

#KEYNOTES
IMPULSE FÜR MOTIVATION, GESUNDHEIT, ERFOLG

#WORKSHOPS & TRAININGS
FÜR TEAMS, DIE BESTE PERFORMANCE WOLLEN

#UNTERNEHMEN MENSCH
LEADING-EDGE PROGRAMM FÜR UNTERNEHMEN

#MENTAL FIT
3 STUNDEN TRAINING FÜR EIN STARKES MINDSET

#RESOURCE-TRAINING
3 TAGE, UM DAS BESTE IN SICH ZU ENTDECKEN

#TRANSFORM-TRAINING
4 TAGE, UM GRENZEN ZU SPRENGEN

#TRANSFORM-/LEADING-EDGE TRAINING
3 TAGE, UM PERSÖNLICHES WACHSTUM ZU GESTALTEN

#EIN TAG IN MEINEM LEBEN
BUCH & ZWISCHENBIOGRAFIE VON FELIX GOTTWALD

#DIE STILLE ZUM ERFOLG
AUDIOPROGRAMM FÜR MENTALE FITNESS IM ALLTAG

WWW.FELIXGOTTWALD.AT

Der schnellste Weg zu Ihrem Platz in einem offenen
Training „8 Stufen zum Verkaufserfolg":

www.vbc.biz